国家卫生健康委员会"十四五"规划教材

全国高等中医药教育教材

供中医学、中药学、针灸推拿学、中西医临床医学等专业用

科技论文写作

第 2 版

中醫

主　编　张　挺

副主编　柴　智　马利军　马艳春

主　审　李成文

编　委　（按姓氏笔画排序）

马利军（广州中医药大学）　　　　金　钊（成都中医药大学）

马艳春（黑龙江中医药大学）　　　郑国庆（浙江中医药大学）

王　斌（陕西中医药大学）　　　　柴　智（山西中医药大学）

石舒尹（上海中医药大学）　　　　曹卉娟（北京中医药大学）

李　杰（湖南中医药大学）　　　　蒋新军（海南省医学科学院）

李艳杰（长春中医药大学）　　　　韩冰冰（山东中医药大学）

杨卫东（云南中医药大学）　　　　曾国军（四川大学华西医院）

张　挺（上海中医药大学）　　　　熊　俊（南昌大学第二附属医院）

秘　书　石舒尹（兼）

人民卫生出版社

·北京·

图书在版编目（CIP）数据

科技论文写作/张挺主编. -- 2 版. -- 北京：人
民卫生出版社，2025. 5. -- ISBN 978-7-117-37767-6

Ⅰ. G301

中国国家版本馆 CIP 数据核字第 2025F32D53 号

人卫智网	www.ipmph.com	医学教育、学术、考试、健康，购书智慧智能综合服务平台
人卫官网	www.pmph.com	人卫官方资讯发布平台

科技论文写作
Keji Lunwen Xiezuo
第 2 版

主　　编：张　挺

出版发行：人民卫生出版社（中继线 010-59780011）

地　　址：北京市朝阳区潘家园南里 19 号

邮　　编：100021

E - mail：pmph @ pmph. com

购书热线：010-59787592　010-59787584　010-65264830

印　　刷：北京印刷集团有限责任公司

经　　销：新华书店

开　　本：850×1168　1/16　　印张：7

字　　数：183 千字

版　　次：2012 年 8 月第 1 版　　2025 年 5 月第 2 版

印　　次：2025 年 5 月第 1 次印刷

标准书号：ISBN 978-7-117-37767-6

定　　价：43. 00 元

打击盗版举报电话：010 - 59787491　E - mail：WQ @ pmph. com

质量问题联系电话：010 - 59787234　E - mail：zhiliang @ pmph. com

数字融合服务电话：4001118166　　E - mail：zengzhi @ pmph. com

数字增值服务编委会

修 订 说 明

为了更好地贯彻落实党的二十大精神和《"十四五"中医药发展规划》《中医药振兴发展重大工程实施方案》及《教育部 国家卫生健康委 国家中医药管理局关于深化医教协同进一步推动中医药教育改革与高质量发展的实施意见》的要求,做好第四轮全国高等中医药教育教材建设工作,人民卫生出版社在教育部、国家卫生健康委员会、国家中医药管理局的领导下,在上一轮教材建设的基础上,组织和规划了全国高等中医药教育本科国家卫生健康委员会"十四五"规划教材的编写和修订工作。

党的二十大报告指出:"加强教材建设和管理""加快建设高质量教育体系"。为做好新一轮教材的出版工作,人民卫生出版社在教育部高等学校中医学类专业教学指导委员会、中药学类专业教学指导委员会、中西医结合类专业教学指导委员会和第三届全国高等中医药教育教材建设指导委员会的大力支持下,先后成立了第四届全国高等中医药教育教材建设指导委员会和相应的教材评审委员会,以指导和组织教材的遴选、评审和修订工作,确保教材编写质量。

根据"十四五"期间高等中医药教育教学改革和高等中医药人才培养目标,在上述工作的基础上,人民卫生出版社规划、确定了中医学、针灸推拿学、中医骨伤科学、中药学、中西医临床医学、护理学、康复治疗学7个专业155种规划教材。教材主编、副主编和编委的遴选按照公开、公平、公正的原则进行。在全国60余所高等院校4 500余位专家和学者申报的基础上,3 000余位申报者经教材建设指导委员会、教材评审委员会审定批准,被聘任为主编、副主编、编委。

本套教材的主要特色如下:

1. 立德树人,思政教育　教材以习近平新时代中国特色社会主义思想为引领,坚守"为党育人、为国育才"的初心和使命,坚持以文化人,以文载道,以德育人,以德为先。将立德树人深化到各学科、各领域,加强学生理想信念教育,厚植爱国主义情怀,把社会主义核心价值观融入教育教学全过程。根据不同专业人才培养特点和专业能力素质要求,科学合理地设计思政教育内容。教材中有机融入中医药文化元素和思想政治教育元素,形成专业课教学与思政理论教育、课程思政与专业思政紧密结合的教材建设格局。

2. 准确定位,联系实际　教材的深度和广度符合各专业教学大纲的要求和特定学制、特定对象、特定层次的培养目标,紧扣教学活动和知识结构。以解决目前各院校教材使用中的突出问题为出发点和落脚点,对人才培养体系、课程体系、教材体系进行充分调研和论证,使之更加符合教改实际、适应中医药人才培养要求和社会需求。

3. 夯实基础,整体优化　以科学严谨的治学态度,对教材体系进行科学设计、整体优化,体现中医药基本理论、基本知识、基本思维、基本技能;教材编写综合考虑学科的分化、交叉,既充分体现不同学科自身特点,又注意各学科之间有机衔接;确保理论体系完善,知识点结合完备,内容精练、完整,概念准确,切合教学实际。

4. 注重衔接,合理区分　严格界定本科教材与职业教育教材、研究生教材、毕业后教育教材的知识范畴,认真总结、详细讨论现阶段中医药本科各课程的知识和理论框架,使其在教材中得以凸显,既要相互联系,又要在编写思路、框架设计、内容取舍等方面有一定的区分度。

5. **体现传承,突出特色** 本套教材是培养复合型、创新型中医药人才的重要工具,是中医药文明传承的重要载体。传统的中医药文化是国家软实力的重要体现。因此,教材必须遵循中医药传承发展规律,既要反映原汁原味的中医药知识,培养学生的中医思维,又要使学生中西医学融会贯通;既要传承经典,又要创新发挥,体现新版教材"传承精华、守正创新"的特点。

6. **与时俱进,纸数融合** 本套教材新增中医抗疫知识,培养学生的探索精神、创新精神,强化中医药防疫人才培养。同时,教材编写充分体现与时代融合、与现代科技融合、与现代医学融合的特色和理念,将移动互联、网络增值、慕课、翻转课堂等新的教学理念和教学技术、学习方式融入教材建设之中。书中设有随文二维码,通过扫码,学生可对教材的数字增值服务内容进行自主学习。

7. **创新形式,提高效用** 教材在形式上仍将传承上版模块化编写的设计思路,图文并茂、版式精美;内容方面注重提高效用,同时应用问题导入、案例教学、探究教学等教材编写理念,以提高学生的学习兴趣和学习效果。

8. **突出实用,注重技能** 增设技能教材、实验实训内容及相关栏目,适当增加实践教学学时数,增强学生综合运用所学知识的能力和动手能力,体现医学生早临床、多临床、反复临床的特点,使学生好学、临床好用、教师好教。

9. **立足精品,树立标准** 始终坚持具有中国特色的教材建设机制和模式,编委会精心编写,出版社精心审校,全程全员坚持质量控制体系,把打造精品教材作为崇高的历史使命,严把各个环节质量关,力保教材的精品属性,使精品和金课互相促进,通过教材建设推动和深化高等中医药教育教学改革,力争打造国内外高等中医药教育标准化教材。

10. **三点兼顾,有机结合** 以基本知识点作为主体内容,适度增加新进展、新技术、新方法,并与相关部门制定的职业技能鉴定规范和国家执业医师(药师)资格考试有效衔接,使知识点、创新点、执业点三点结合;紧密联系临床和科研实际情况,避免理论与实践脱节、教学与临床脱节。

本轮教材的修订编写,教育部、国家卫生健康委员会、国家中医药管理局有关领导和教育部高等学校中医学类专业教学指导委员会、中药学类专业教学指导委员会、中西医结合类专业教学指导委员会等相关专家给予了大力支持和指导,得到了全国各医药卫生院校和部分医院、科研机构领导、专家和教师的积极支持和参与,在此,对有关单位和个人表示衷心的感谢! 为了保持教材内容的先进性,在本版教材使用过程中,我们力争做到教材纸质版内容不断勘误,数字内容与时俱进,实时更新。希望各院校在教学使用中,以及在探索课程体系、课程标准和教材建设与改革的进程中,及时提出宝贵意见或建议,以便不断修订和完善,为下一轮教材的修订工作奠定坚实的基础。

人民卫生出版社

2023 年 3 月

◇◇◇ 前　言 ◇◇◇

　　培养中医大学生与研究生的写作能力，将其学习研究中医理论、开展中医实验的实验成果及应用中医药防治疾病的心得体会、临证经验用论文形式准确地表达出来，既是传承创新中医学的需要，也是反映其学术水平的重要标志。然而自 1956 年高等中医院校成立以来，中医大学生论文写作能力的培养一直没有引起足够重视，学生撰写论文主要依靠自学、模仿，未能掌握系统的写作理论与方法，对各种体裁的中医学术论文撰写要求和投稿技巧大多不够了解，这不利于中医学术研究成果的传播与利用。2011 年全国高等医药教材建设研究会与人民卫生出版社组织专家经过反复论证首次将《科技论文写作》列入全国高等院校中医药类专业卫生部"十二五"规划教材，说明培养中医大学生与研究生论文写作能力的重要性。为了进一步适应当前高等中医药教育和教学改革的需要，推动新时代高等中医药人才的培养，在人民卫生出版社组织下，启动了《科技论文写作》的修订工作。

　　本次修订是在 1 版教材的基础上，进行修订完善。按照写作理论与范文举例并重、本科生为主兼顾硕士研究生、满足中医药工作者需求、打造精品的编写原则与要求，主要将教材分为十五讲：中医论文基本结构、选题与撰写步骤、理论研究论文、临床研究论文、实验研究论文、中医药英文论文、医案医话论文、病例讨论论文、医史文化论文、学术争鸣论文、经验总结论文、护理论文、文献综述与述评论文、系统综述类论文、投稿技巧与注意事项。文前还有绪言介绍中医论文的概念、分类和意义，书末附录中医、中药、针灸与中西医结合中文核心期刊介绍。本书论文的基本结构、选题与撰写步骤部分概述了中医论文的基础知识与写作规范；学术论文部分详细讲述了每一类论文体裁的选题思路、撰写技巧与注意事项，并以《中文核心期刊要目总览》（北京大学出版社 2023 年版）为主选择了近年来学术价值高、学术影响大、具有代表性的论文标题与范文作为例证，以求理论联系实际，学以致用。特别是中医药英文论文对于促进中医药研究成果的国际化交流与传播具有十分重要的意义。附录中列举了中医药类中文核心期刊的主要信息与栏目，有利于了解每种期刊的办刊特点，有助于论文的选题和投稿。本书的特点是理论联系实际、简明扼要、易于掌握、信息量大、实用性强。

　　本书绪言由张挺编写，第一讲由柴智编写，第二讲由石舒尹编写，第三讲由韩冰冰编写，第四讲由金钊编写，第五讲由王斌编写，第六讲由郑国庆编写，第七讲由李艳杰编写，第八讲由李杰编写，第九讲由马利军编写，第十讲由熊俊编写，第十一讲由杨卫东编写，第十二讲由蒋新军编写，第十三讲由曾国军编写，第十四讲由曹卉娟编写，第十五讲由马艳春编写。全书由主编张挺统稿，主审李成文精心审改。学术秘书由石舒尹担任。

　　教材是教学内容的主要体现与依据，教材建设是高等学校一项重要的教学基本建设。编写高质量的教材，意义重大。本教材的编写，虽经多次修改、审定，但限于水平及时间，如有疏漏不当之处，望请各位专家学者不吝指正。

编者

2025 年 1 月

◇◇◇ 目　　录 ◇◇◇

❖❖❖ 绪 言 ❖❖❖

🔖 学习目标

1. 掌握中医论文的概念及意义。
2. 熟悉最常见的三类中医论文。
3. 了解中医论文的分类方式。

一、科技论文及中医论文的含义

科技论文是科技工作者在科学实验/试验或观察的基础上,对自然科学、社会科学或工程技术领域里的现象或问题进行科学分析、综合和阐述,从而揭示现象或问题的本质与规律的学术论文。中医论文是科技论文的重要组成部分,是研究中医、中药、针灸推拿及中西医结合等基础理论、作用机制与临床应用的学术论文,可分为广义和狭义两大类。广义的中医论文泛指一切以中医学术问题为表述对象的文章,包括理论研究、临床研究、实验研究、学术争鸣、经验总结、医案医话、病例讨论、医史文化、护理论文、文献综述与述评等内容。狭义的中医论文是指具有较高学术价值并能够促进中医药学术发展的论文,包括表述新观点、新理论、新学说的理论探讨性文章,对已知理论与学说进行深化、系统化或完善化的文章,纠正或质疑已知理论、观点、学说谬误及偏颇的文章,首次披露或报道新发现、新发明、新创造或新技术、新方法、新材料的科技研究报告,对已知重要科学成果或学科重要课题研究作出全面准确评价或评估,并指明重大学术研究发展趋向的专家述评等,这些文章又被称为论著,更有利于中医学的进一步发展与完善。

二、中医论文分类

中医论文分类,目前国内尚无统一标准,故其分类方法较多。

(一)按研究领域分类

1. **基础研究论文** 是指运用文献研究方法、借鉴现代技术方法或手段研究中医药基础理论,探讨疾病发生机制、发展传变规律、方剂配伍特点等的论文。其既可偏于理论研究,有利于完善中医学体系;也可侧重于实验研究,对中医学的获效机制进行科学阐释。

2. **临床研究论文** 是指研究疾病规律及防治的论文,如临床新发现、新创造、新经验、新制剂、新技术、新疗法、新药物、新诊疗工具等,均可直接用于临床。临床研究、临床报道、经验总结、医案医话、病例讨论等均属应用研究论文。

(二)按研究方法分类

1. **传统方法研究论文** 是以中医理论为指导,用传统方法研究探讨中医学的论文,如用文献学方法整理古籍,对某一疾病理法方药的研究等,对中医学术的传承具有重要作用。

2. **现代科学方法研究论文** 用现代科学技术或借鉴现代医学方法与手段研究中医学

的论文,如用分子生物学、药理学、植物学、分析化学等方法研究疾病微观变化、中药成分与药效等,对中医学创新及现代化具有推动作用。

（三）按论文资料来源分类

1. 论著　依据科学实验/试验、临床观察/亲自调查等第一手资料所撰写的具有创造性成果的论文,又称一次文献。如理论探讨、临床研究或报道、实验研究等体裁。

2. 编著　依据中医药一次文献或间接资料为主所撰写的论文,可将分散、零乱、部分、无系统甚至相互矛盾的资料,进行梳理、归纳、综合为系统化、条理化、完整化和理论化的论文。如文献综述、述评、讲座与专题笔谈等体裁。

（四）按用途和要求分类

1. 学术论文　用于学术会议书面交流,或在中医、中药、针灸与中西医结合及相关期刊上公开发表的论文,目的是将自己的研究结果或心得体会公布于众,与别人交流切磋,体裁多样。

2. 学位论文　高等中医药院校(所)的本科生或研究生用于申请学位而撰写的毕业论文,包括学士论文、硕士论文、博士论文。学位论文更注重对研究方法、过程、结果、讨论的描述,多为导师命题,也有在导师指导下学生自己选题,篇幅较长。学位论文的撰写请参阅《中医药科研思路与方法》教材。

（五）按体裁分类

按照中医论文的体裁,可分为理论研究、学术争鸣、临床研究、经验总结、实验研究、医案医话、病例讨论、中医护理、养生康复、医史文化、文献综述、专家述评等。

（六）按是否公开发表分类

1. 公开发表论文　由杂志社或出版社印刷发行,交流范围大,有全国统一刊号。
2. 内部交流论文　大多是在学术研讨会上宣读与交流,范围较小。

（七）按载体分类

根据载体性质,中医论文可分为纸质媒介,如书籍、报纸、期刊;电子媒介,如网络。

总之,中医论文目前最常见的有三类。一是临床研究论文,主要有四种形式,以病为纲,同病异治;以方为纲,同方异治;以药为纲,同药异治;以法为纲,同法异治。二是文献研究论文,对中医文献进行整理研究,获得有价值的成果。三是实验研究论文,运用现代科学或借鉴西医学研究方法及手段,研究中医药理论、治病机制或作用机制。

三、中医论文的意义

中医论文体现了中医药研究的最新研究成果,反映了中医学发展和科学研究的现状,促进了学术争鸣与学术交流,有利于中医药繁荣和发展;更有助于中医药临床、科研、教学、新药研制人员开阔眼界,启迪思路,拓宽研究领域,提高理论水平,提升临床技能,提高临床疗效。

● （张　挺）

复习思考题

1. 中医论文有广义与狭义之分,请简述两者的概念。
2. 最常见的中医论文包括哪三类?

第一讲

中医论文基本结构

ER-1-1

第一讲
中医论文
基本结构
PPT

学习目标

1. 掌握中医论文的摘要、引言、讨论。
2. 熟悉中医论文的关键词、材料与方法、结果。
3. 了解中医论文题名、作者信息、课题来源、致谢、参考文献。

中医论文的基本结构主要包括前置部分、正文部分及附录部分。

前置部分是论文正文之前的内容,包括题名、作者信息、摘要、关键词及其他项目等。其中作者信息一般包括作者姓名、工作单位及通信方式。其他项目一般包括资助项目产出的基金名称和项目编号;收稿日期,可同时标注修回日期,也可标注在文末。部分期刊将关键词放置于中文摘要之前,以突出关键词在论文中的重要作用。

正文部分是论文的核心,一般包括引言、主体、结论和参考文献。主体部分的结构一般由具有逻辑关系的多章构成,如理论分析、材料与方法、结果和讨论等。

附录部分是以附录的形式对正文的有关内容进行补充说明。论文一般不设附录,但对编入正文部分会影响编排的条理性、逻辑性,又对突出主题有较大价值的材料,可作为附录编排于论文末尾。

一、题名

题名又称篇名、题目、文题,是对论文内容的高度概括,是论文的总纲,是了解全文的窗口。因此题名要用简明、恰当、准确的文辞反映论文中的特定内容,并且要浓缩摘要。

题名应新颖,突出理论上的新见解,学术上的新思路,诊疗技术的新突破,生产工艺的新改进,实验方法的新发明等。用词要醒目、富有特色,切勿千篇一律地套用“研究”“分析”“探讨”等。

题名应简明扼要,意思完整,符合逻辑,过目难忘,引人入胜;一般不宜超过 25 字,越短越好。

题名应客观、真实地反映或描述研究结果,高度概括最重要的特定内容,或恰如其分地反映研究内容的深度和广度,突出中医药特色。尤其是临床研究与实验研究论文,大多具备“研究对象、处理因素、观察指标”三要素。

若题名语义未尽,或研究结果分期出版,或引申说明,可设副题名,用于补充、完善论文的特定内容,否则不设副题名。

题名一般不用疑问句、主谓宾结构的陈述句及宣传鼓动方式的状语,不用非规范的缩略词、符号、代号及公式等。题名一般不得使用药品的商品名称,英文药物名称应用国际非专利药名。

题名举例

◆ 从《黄帝内经》崇阳思想探析"春夏养阳,秋冬养阴"【赵浩斌,翟双庆.从《黄帝内经》崇阳思想探析"春夏养阳,秋冬养阴"[J].中国中医基础医学杂志,2023,29(01):14-16+25.】

◆ 基于《内经》"火郁发之"对荆芥连翘汤辨治皮肤病的思考【胡闽湘,李晋平,阮懿泽,等.基于《内经》"火郁发之"对荆芥连翘汤辨治皮肤病的思考[J].时珍国医国药,2022,33(12):2986-2987.】

◆ 基于"脏腑别通"浅谈国医大师贺普仁针灸治疗咳嗽经验【王桂玲,胡俊霞,薛立文,等.基于"脏腑别通"浅谈国医大师贺普仁针灸治疗咳嗽经验[J].中华中医药杂志,2022,37(10):5746-5749.】

◆ 川芎嗪调控 $G\alpha s/cAMP/PKA$ 信号通路改善哮喘模型大鼠气道炎症的作用研究【王雅娟,邹莹莹,高华武,等.川芎嗪调控 $G\alpha s/cAMP/PKA$ 信号通路改善哮喘模型大鼠气道炎症的作用研究[J].中国药理学通报,2022,38(09):1350-1356.】

◆ 补阳还五汤及其拆方对缺血性中风气虚血瘀证大鼠脑血流及脂质代谢的影响【杨璐平,孙红梅,盖聪,等.补阳还五汤及其拆方对缺血性中风气虚血瘀证大鼠脑血流及脂质代谢的影响[J].北京中医药大学学报,2022,45(10):1029-1036.】

◆ 消渴方对 2 型糖尿病模型大鼠胰腺组织 $Ca^{2+}/CaN/NFAT$ 信号通路的影响【陈学麟,杨巧玉,胡剑卓.消渴方对 2 型糖尿病模型大鼠胰腺组织 $Ca^{2+}/CaN/NFAT$ 信号通路的影响[J].中医杂志,2021,62(17):1526-1532.】

◆ 国医大师李佃贵运用角药治疗胆石症的经验探讨【翟付平,白海燕,王力普,等.国医大师李佃贵运用角药治疗胆石症的经验探讨[J].中华中医药杂志,2022,37(11):6485-6488.】

◆ 解郁调神针法治疗肝郁气滞型失眠的临床疗效观察【陈贝,王昆秀,张艳琳,等.解郁调神针法治疗肝郁气滞型失眠的临床疗效观察[J].中华中医药杂志,2022,37(09):5530-5533.】

◆ 针刺预防治疗中重度季节性变应性鼻炎:随机对照试验【宋婷婷,景向红,郭玮,等.针刺预防治疗中重度季节性变应性鼻炎:随机对照试验[J].中国针灸,2023,43(02):123-127.】

◆ 基于现代医案挖掘中医药治疗慢性阻塞性肺疾病的证治规律【彭思敏,赵娟,许光兰,等.基于现代医案挖掘中医药治疗慢性阻塞性肺疾病的证治规律[J].中国实验方剂学杂志,2022,28(15):173-182.】

二、作者信息

论文的作者是对论文有实际贡献的责任者,包括参与选定研究课题和制定研究方案、直接参加全部或主要部分研究工作并作出相应贡献,以及参加论文撰写、修改并能对内容负责的个人或单位。是论文著作权的拥有者。

作者署名以示作者对论文内容负责,即文责自负,既是文献检索的需要,也是对作者为中医学事业付出艰辛劳动的一种认可。在临床研究论文中,作者单位的标注尤为重要,可间接判断临床资料的来源和真实性。

论文署名时,根据 GB/T 3179—2009《期刊编排格式》每篇文章应列出全部著者姓名及其所在单位、通信联络方式(必要时)。若为多人合作完成,应根据工作主次、贡献大小依次排名,一般不超过 6~7 人,其余参加者或提供部分病例与设备的单位,以及其指导者、协作者、审阅者可列入致谢中,排名次序应征得本人的同意。一般应列出全部著者姓名及其所在单位、地址、邮政编码、电子邮箱。作者中若有外籍作者,应附其本人同意的书面材料,并应用其本国文字和中文同时注明其通信地址,地名以国家公布的地图上的英文名为准。少数期刊要求论文全体作者按署名顺序亲笔签名,以避免争议。

部分研究论文,由于参与者较多,为了突出该课题实际负责人而加标"通讯作者",其排名多放置在最后,亦可同为第一作者;通讯作者等同于第一作者,其作用甚至高于第一作者,同时也是课题后续联络、解释的主要责任人。

作为文章的附属内容,部分期刊要求附录第一作者及通讯作者的个人简介,主要包括出生年月、性别、籍贯、职称、学位、是否研究生导师、学术团体兼职、主要研究方向、联系方式等。

值得注意的是,论文投稿到期刊后,一般情况下作者排名顺序不能再作改动或变动,若必须改动/变动作者顺序或增添作者的话需要第一作者单位证明(说明理由)及全体作者的同意授权书。

作者信息举例

◆ 作者简介:XX(1983—),男,副主任医师,硕士,主要从事心血管病中西医结合防治研究。

◆ 通信作者简介:XX(1975—),女,主任医师,学士,研究方向针灸康复。E-mail:cxz112400@ 163. com。

三、课题来源

中医论文内容如果是基金资助的科研项目阶段性成果或鉴定成果,应标出基金项目来源及编号,若同时得到多项基金资助可全部列出,并附批准文件复印件或获奖证书复印件,以便杂志社审核查阅。

项目来源举例

◆ 基金项目:国家科技支撑计划课题(No. 2013BAI13B03)

◆ 基金项目:国家重点研发计划项目(No. 2019YFC1709200)

◆ 基金项目:国家自然科学基金面上项目(No. 81673845)

◆ 基金项目:国家自然科学基金青年科学基金项目(No. 81803887)

◆ 基金项目:广东省重点领域研发计划项目(No. 2020B1111100010)

◆ 基金项目:浙江省中医药科技计划项目(No. 2019ZB099)

◆ 基金项目:山西省重点研发计划项目(No. 201903D321183)

◆ 基金项目:北京市科技计划项目(课题)(No. Z171100001017113,Z191100006619025)

四、摘要

摘要是用准确简洁的语言说明论文的研究目的与意义、方法、结果(包括重要数据)和结论,使读者一览全文概貌。它是全文内容的高度浓缩,是全文的精华,对论文的内容不加注释和评论的简短陈述,重点突出学术创新或新发现。

摘要包括研究目的、研究方法、主要结果及重要发现、结论。摘要应文辞简练,高度概括,简明扼要,有数据及结论。宜采用报道性摘要,也可采用报道/指示性摘要、指示性摘要,用第三人称书写,不分段,不照抄结论,报道性摘要以 400 字左右,报道/指示性摘要以 300 字左右,指示性摘要以 150 字左右为宜;摘要中可以有数学式、化学式、插图、表格等,但不应含有数学式、化学式、插图、表格、参考文献等的编号,不宜使用非公知公用的符号和术语;缩略语、略称、代号在首次出现处必须说明。一般"摘要"二字之后为冒号或空一格或用[摘要]表示。

通常理论著述或研究、实验研究、临床研究、经验总结等 3 000 字以上的论文需要写摘要,专论、综述叙述形式的文章可写成指示性摘要。

摘要举例

◆ 基于抑制小胶质细胞介导的炎症反应探讨淫羊藿总黄酮保护髓鞘的机制【韩庆贤,丁智斌,李晓慧,等.基于抑制小胶质细胞介导的炎症反应探讨淫羊藿总黄酮保护髓鞘的机制[J].中华中医药杂志,2022,37(03):1357-1361.】

摘要　目的:研究淫羊藿总黄酮(TFE)能否通过抑制小胶质细胞介导的炎症反应保护髓鞘。方法:BV2 细胞、原代小胶质细胞及 BMDMs 随机分为正常组、LPS 组、TFE 组,并以 $1×10^6$/孔密度接种于 6 孔板。细胞贴壁后,TFE 组细胞给予 TFE 预处理 2h 后,LPS 组和 TFE 组再给予 LPS 处理 24h。提取培养细胞上清液经 ELISA 法检测炎症因子肿瘤坏死因子-α(TNF-α)、白细胞介素(IL)-1β 和抗炎因子 IL-10、转化生长因子-β(TGF-β)分泌;18 只 C57BL/6 小鼠按平均体质量随机分为正常组、CPZ 组、TFE 组,每组 6 只。正常组小鼠给予正常饲料饲喂养,另两组小鼠用含 0.2% 双环己酮草酰二腙(CPZ)的饲料饲育 6 周。第 4 周末开始,TFE 组小鼠经腹腔注射 TFE 2 周。同时正常组和 CPZ 组每日给予等量 0.9% 氯化钠溶液腹腔注射。采用免疫荧光染色观察 MBP、Iba-1、Iba-1$^+$/iNOS$^+$、Iba-1$^+$/Arg1$^+$、Iba-1$^+$/TLR4$^+$、Iba-1$^+$/NF-κB$^+$ 和 PDGF-Rα/Ki67/DAPI 表达。结果:体外实验观察到 TFE 能显著抑制促炎因子 TNF-α 和 IL-1β 分泌($P<0.05,P<0.01$),增加抗炎因子 IL-10 与 TGF-β 分泌($P<0.05$),体内实验经 MBP 免疫荧光染色发现 TFE 能显著增加胼胝体尾部 MBP 荧光强度($P<0.01$)。经免疫荧光染色发现 TFE 降低胼胝体区 Iba-1$^+$ 小胶质细胞数量,并能诱导 Arg-1 表达增多($P<0.01$),降低 iNOS 表达($P<0.01$);并且能降低胼胝体部位 TLR4 与 NF-κB 的表达($P<0.01$);同时研究还发现 TFE 能促进侧脑室高表达 PDGF-Rα($P<0.01$),促进少突胶质前体细胞的增殖。结论:TFE 能通过抑制小胶质细胞介导的炎症反应保护髓鞘,可能的机制是通过降低 TLR4/NF-κB 炎症信号通路发挥作用。

◆ 五子衍宗丸对实验性自身免疫性脑脊髓炎小鼠髓鞘脱失及氧化应激损伤的影响【樊慧杰,李艳荣,柴智,等.五子衍宗丸对实验性自身免疫性脑脊髓炎小鼠髓鞘脱失及氧化应激损伤的影响[J].中成药,2021,43(12):3460-3463.】

摘要　目的:研究方剂五子衍宗丸对实验性自身免疫性脑脊髓炎(EAE)小鼠的治疗作用及其在氧化应激方面的机制。方法:C57BL/6 雌鼠随机分为佐剂组、模型组和五子衍宗丸组,模型组和五子衍宗丸组用髓鞘少突胶质细胞糖蛋白 35～55($MOG_{35\sim55}$)免疫建立小鼠 EAE 模型,五子衍宗丸组于免疫后第 3 天给予五子衍宗丸灌胃干预,直到免疫后第 27 天,佐剂组与模型组给予等量 0.9% 氯化钠溶液灌胃。第 28 天处死小鼠,脊髓冰冻切片进行固蓝染色及 HE 染色,Western blot 检测脑组织 SOD、CAT 蛋白表达,试剂盒检测脑组织 GSH、MDA 水平。结果:五子衍宗丸可减轻 EAE 小鼠脊髓髓鞘脱失,减少炎性细胞浸润,增加脑组织 CAT、SOD 蛋白表达和 GSH 水平,降低脑组织 MDA 水平。结论:五子衍宗丸对 EAE 具有明确的治疗作用,可减轻中枢神经系统的髓鞘脱失及炎性浸润,其作用机制可能与抑制氧化应激损伤有关。

◆ 活血利水法治疗慢性肾脏病的古今应用【范莲,张挺.活血利水法治疗慢性肾脏病的古今应用[J].世界科学技术-中医药现代化,2022,24(08):3121-3126.】

摘要　水血同病是慢性肾脏病常见的病机之一,中医证候表现为水瘀互结证,治疗时需兼顾活血化瘀、利水渗湿。血不利则为水,血分与水分相互关联、互为因果,可见血病及水、水病及血诸证。古代医家如陈无择、唐容川、喻嘉言、叶天士等均有使用活血利水法治疗水肿、尿血等属慢性肾脏病证情的相关记载。当今通过动物实验研究、临床疗效观察、临床运用体会等方面,证明活血利水法能有效改善慢性肾脏病的相关症状。

◆ 丹龙定喘汤对哮喘小鼠肺组织 HMGB1、α-SMA 及炎症因子的影响【田金娜,陈迪,李建保,等.丹龙定喘汤对哮喘小鼠肺组织 HMGB1、α-SMA 及炎症因子的影响[J].中华中医药杂志,2022,37(03):1347-1351.】

　　摘要　目的:研究丹龙定喘汤对哮喘小鼠气道重塑及肺组织中高迁移率族蛋白 B1(HMGB1)、α平滑肌肌动蛋白(α-SMA)、白细胞介素(IL)-6、IL-8 和 IL-1β 水平的影响,初步探讨丹龙定喘汤防治哮喘气道重塑的作用机制。方法:将 180 只 SPF 级雄性 BALB/c 小鼠随机分为空白对照组,模型组,泼尼松组,丹龙定喘汤高、中、低剂量组,每组 30 只。除空白对照组外,其余各组小鼠均用卵清蛋白+氢氧化铝致敏,建立哮喘气道重塑模型。空白对照组、模型组给予 0.9%氯化钠溶液,泼尼松组予醋酸泼尼松,丹龙定喘汤高、中、低剂量组分别给予高、中、低剂量丹龙定喘汤水煎溶液,连续灌胃给药42d后,分别采集小鼠肺组织,行 HE 染色,观察肺病理组织学变化;采用 IHC 免疫组化法检测各组小鼠肺组织中 HMGB1、α-SMA 的表达情况;采用 ABC-ELISA 法免疫组化技术检测各组小鼠肺组织中炎症因子 IL-6、IL-8 和 IL-1β 的表达情况。结果:与空白对照组比较,模型组有明显气道重塑现象,α-SMA、HMGB1 表达显著升高($P<0.01$),IL-6、IL-8、IL-1β 含量均显著升高($P<0.05$);与模型组比较,各治疗组气道重塑均得到适当改善,α-SMA 表达显著降低($P<0.01$);泼尼松组 IL-6、IL-8、IL-1β 含量显著降低($P<0.05$),丹龙定喘汤高剂量组 HMGB1 表达及 IL-6、IL-1β 含量显著降低($P<0.01,P<0.05$);丹龙定喘汤中剂量组 HMGB1 表达及 IL-6 含量显著降低($P<0.05$);丹龙定喘汤低剂量组 IL-6 含量显著降低($P<0.05$),IL-1β 含量显著升高($P<0.05$)。结论:丹龙定喘汤能降低肺组织中 HMGB1、IL-6、IL-8 及 IL-1β 的水平,减少促中性粒细胞性炎症因子释放,减轻气道中性粒细胞性炎症反应,降低肺组织中 α-SMA 的水平,减少气道胶原及基质沉积,减轻气道纤维化,从而改善气道重塑。

◆ 参麻益智方治疗轻中度血管性痴呆气虚血瘀阳亢型患者的临床观察【吴琼,韦云,刘剑刚,等.参麻益智方治疗轻中度血管性痴呆气虚血瘀阳亢型患者的临床观察[J].中国中西医结合杂志,2020,40(05):554-559.】

　　摘要　目的:观察参麻益智方治疗气虚血瘀阳亢型轻中度血管性痴呆(VD)患者的临床疗效。方法:选取 64 例轻、中度 VD 患者,采用随机数字表法分为试验组和对照组,每组各32 例,观察期间脱落病例 4 例,每组完成试验各 30 例。两组均进行健康教育及一般生活方式干预,在此基础上试验组口服参麻益智颗粒,每次 5g,1 日 2 次;对照组口服银杏叶片19.2mg/次,1 日 3 次。共服用 3 个月。观察两组简易智力状态检查量表(MMSE)、蒙特利尔认知评估量表(MoCA)、日常生活能力评定量表(ADL)、临床神经功能缺损量表(NIHSS)、中医证候积分量表和血清乙酰胆碱(ACh)、乙酰胆碱酯酶(AChE)、超氧化物歧化酶(SOD)、丙二醛(MDA)、白细胞介素-6(IL-6)、谷胱甘肽过氧化物酶(GSH-Px)、肿瘤坏死因子-α(TNF-α)水平变化。结果:与治疗前比较,试验组和对照组 MMSE、MoCA、ADL、NIHSS、中医证候积分量表评分均有改善($P<0.01$),且 MMSE、ADL、NIHSS、中医证候积分量表评分改善水平试验组优于对照组($P<0.05$)。两组血清 ACh、AChE、SOD、MDA、IL-6、GSH-Px 水平均有改善($P<0.05$),且血清 ACh、AChE、TNF-α 改善水平试验组优于对照组($P<0.05$)。结论:参麻益智方治疗轻、中度 VD,可改善认知功能,提高日常生活能力,缓解神经功能缺损症状,改善气虚血瘀阳亢证的中医证候,临床疗效优于银杏叶片。

◆ 国医大师卢芳运用四藤二龙汤治疗骨关节炎经验【王欣波,霍佳敏,朴勇洙,等.国医

大师卢芳运用四藤二龙汤治疗骨关节炎经验[J].时珍国医国药,2022,33(10):2523-2524.】

摘要　总结国医大师卢芳教授运用四藤二龙汤治疗骨关节炎的临床经验,探讨骨关节炎的病因病机,分析四藤二龙汤方义、组成,总结四藤二龙汤在临床实践中的使用依据,并附临床病案验证。卢芳教授认为骨关节炎是寒湿导致肢体关节疼痛发作、活动不利的主要原因,肝肾亏虚为其发病的根本原因。治疗上既要运用散寒除湿、通络止痛之法,又需补益肝肾,故选用四藤二龙汤加减治疗。该方优势在于可以治疗因外感邪气所致的骨关节炎,而且运用自拟经典方药辨证,能够对骨关节炎进行个体化诊治。文中所列医案为寒湿痹阻型,卢芳教授拟用温散寒湿、通络止痛之法,采用自拟四藤二龙汤加减治疗,效果明显。卢芳教授认为,四藤二龙汤可以治疗由风寒湿等复杂致病因素所致的骨关节炎,其在骨关节炎各期均可运用。

五、关键词

关键词,是反映论文主题内容的规范化名词或词组(包括短语),可准确表达论文关键内容、研究目的及实施措施等。关键词的核心作用在于文献标引和归类,决定文章被检索和引用的次数,并能反映在题名之中。关键词一般在摘要之后,另起一行;但部分期刊为了突出其重要性而放在摘要之前。

选择关键词要准确严谨,专指性较强,尽量参考中国医学科学院医学情报研究所编制的《医学主题词注释字顺表》和《中医药主题词表》、《医学主题词表》(*Medical Subject Headings*,简称 MeSH)、《英汉生物医学词汇》、《英汉医学词汇》,以及逐年增加的主题词或最新的专业词汇,而不用缩略词,不宜用冠词、介词、连词、情态动词,以及无检索意义的副词、形容词。

每篇论文应标引 3~8 个关键词,以信息量丰富、准确为宜。各关键词之间用";"号隔开,最末一个关键词后不加标点,多采用楷体;英语字符除专用名词的首字要大写外,其余均小写。总之,中医论文的题名、摘要、正文可看成是论文三个层次的内容扩展。关键词是题名的浓缩,题名是摘要的浓缩,摘要是全文的浓缩。

关键词举例

◆ 加味宣白承气汤辅助治疗重症创伤呼吸机相关性肺炎痰热壅肺证患者 30 例临床观察【王知兵,于克静,刘倩倩,等.加味宣白承气汤辅助治疗重症创伤呼吸机相关性肺炎痰热壅肺证患者 30 例临床观察[J].中医杂志,2023,64(03):269-274.】

关键词:呼吸机相关性肺炎;痰热壅肺证;宣白承气汤;临床肺部感染评分;呼吸力学;氧合指数

◆ 中医药治疗失眠伴认知功能障碍的研究进展【李珊珊,赵敏,孙江燕,等.中医药治疗失眠伴认知功能障碍的研究进展[J].中国中医基础医学杂志,2022,28(11):1887-1890.】

关键词:失眠;认知功能障碍;中医药;研究进展

◆ 从《温病条辨》三甲复脉汤思路论治失眠症【车丽坤,张晓梅,胡家蕊,等.从《温病条辨》三甲复脉汤思路论治失眠症[J].中华中医药杂志,2022,37(10):5812-5814.】

关键词:三甲复脉汤;失眠;从状态论治;《温病条辨》;名医经验

◆ 不同频率电针"天枢"对慢传输型便秘大鼠结肠肌电及 P 物质、血管活性肠肽的影响【崔梦晓,孙瑜培,李晓峰,等.不同频率电针"天枢"对慢传输型便秘大鼠结肠肌电及 P 物质、血管活性肠肽的影响[J].针刺研究,2022,47(08):710-714.】

关键词:电针;慢传输型便秘;结肠;肌电;胃肠运动;P 物质;血管活性肠肽

◆ 桂枝加黄芪汤加味联合针灸对风寒湿型肩周炎患者的临床疗效【吴薇薇,宋曼萍,李莹莹,等.桂枝加黄芪汤加味联合针灸对风寒湿型肩周炎患者的临床疗效[J].中成药,

2020,42(03):816-818.】

关键词:桂枝加黄芪汤加味;针灸;肩周炎;风寒湿

◆ 张振宇基于肌筋膜疼痛理论运用推拿手法治疗原发性痛经经验【范肃,张振宇,冉明山,等.张振宇基于肌筋膜疼痛理论运用推拿手法治疗原发性痛经经验[J].中国中医基础医学杂志,2022,28(08):1351-1354.】

关键词:肌筋膜疼痛触发点;原发性痛经;推拿;学术经验;张振宇

◆ 葛根素抑制支气管哮喘小鼠气道炎症和 TSLP 介导的 Th2 免疫作用的研究【王文璐,何权,周林福.葛根素抑制支气管哮喘小鼠气道炎症和 TSLP 介导的 Th2 免疫作用的研究[J].南京医科大学学报(自然科学版),2022,42(10):1371-1375+1408.】

关键词:葛根素;哮喘;气道炎症;Th2 免疫;胸腺基质淋巴细胞生成素

六、中图分类号与文献标识码、论文编号

中国图书分类号(简称中图分类号)与文献标识码是表明中医药学术论文类别与论文属性的分类和编码,为编制索引和检索提供依据。中图分类号放在关键词之后,文献标识码及论文编号与其并列,三者之间空格隔开;若关键词在摘要之前,则中图分类号与文献标识码应放在摘要之后。论文分类参考《中国图书馆分类法》,并标出分类号,若不知如何标引,可留给编辑部处理。

1. 中图分类号 中图分类号是按照《中国图书馆分类法》对出版机构、高等学校、科研单位所出版/印刷的图书、期刊论文、报纸、学位论文等依照其内容的学科属性和特征进行分类管理的代号。

《中国图书馆分类法》共分 5 大部类、22 个基本大类。采用汉语拼音字母与阿拉伯数字相结合的混合号码,用一个字母代表一个大类,以字母顺序反映大类的次序,在字母后用数字作标记。中医、中药、针灸推拿、骨伤、中西医结合等被分在"R 医药、卫生"中的"R2 中国医学。"

(1)中图分类号类目名称

A 马克思主义、列宁主义、毛泽东思想、邓小平理论

B 哲学、宗教

C 社会科学总论

D 政治、法律

E 军事

F 经济

G 文化、科学、教育、体育

H 语言、文字

I 文学

J 艺术

K 历史、地理

N 自然科学总论

O 数理科学和化学

P 天文学、地球科学

Q 生物科学

R 医药、卫生

S 农业科学

T 工业技术

U 交通运输

V 航空、航天

X 环境科学、安全科学

Z 综合性图书

（2）医药、卫生分类号

R1 预防医学、卫生学   R2 中国医学

R3 基础医学   R4 临床医学

R5 内科学   R6 外科学

R71 妇产科学   R72 儿科学

R73 肿瘤学   R74 神经病学与精神病学

R75 皮肤病学与性病学   R76 耳鼻咽喉科学

R77 眼科学   R78 口腔科学

R79 外国民族医学

R8 特种医学

R9 药学

（3）中国医学分类号   中医论文属于"R 医药、卫生"中的"R2 中国医学"，其分类仿照医药卫生分类方法并兼顾中医特色进行分类。

R21 中医预防、卫生学   R22 中医基础理论

R24 中医临床学   R241 中医诊断学

R242 中医治疗学   R245 针灸学

R246 针灸疗法   R247 其他疗法

R248 中医护理学   R249 医案医话

R25 中医内科   R26 中医外科

R271 中医妇产科   R272 中医儿科

R273 中医肿瘤学   R274 中医骨伤科

R275 中医皮肤科   R276 中医五官科

R277 中医其他学科   R278 中医急症学

R28 中药学   R289 方剂学

R29 中国少数民族医学

2. 文献标识码   文献标识码是表示论文性质的编码，分为 A、B、C、D、E 五类。

A：理论与应用研究学术论文（包括综述报告）

B：实用性技术成果报告（科技）、理论学习与社会实践总结（社科）

C：业务指导与技术管理性文章（包括领导讲话、特约评论等）

D：一般动态性信息（通讯、报道、会议活动、专访等）

E：文件、资料（包括历史资料、统计资料、机构、人物、书刊、知识介绍等）

3. 论文编号   即文章编号。目前有不少中医类期刊对所刊登的论文进行编号管理，包括刊登该论文期刊的国际标准连续出版物刊号、出版年份、第几期、总页码、该论文共有几个页码等。一般由期刊出版单位负责编写。

中图分类号与文献标识码、论文编号举例

◆ 定喘汤加减联合耳穴贴压治疗痰热郁肺型咳嗽变异性哮喘临床观察【廖燃,陈沁,吴润华,等.定喘汤加减联合耳穴贴压治疗痰热郁肺型咳嗽变异性哮喘临床观察[J].时珍国医国药,2021,32(12):2954-2956.】

中图分类号:R256.12　文献标识码:A　文章编号:1008-0805(2021)12-2954-02

◆ 毒邪致病在常见神经系统疾病中的临床运用【刘红喜,申伟,魏竞竞,等.毒邪致病在常见神经系统疾病中的临床运用[J].中国实验方剂学杂志,2022,28(24):244-252.】

中图分类号:R22;R242;R2-031;R287　文献标识码:A　文章编号:1005-9903(2022)24-0244-09

◆ 黄芪多糖对实验性自身免疫性脑脊髓炎小鼠脾细胞的免疫调节作用研究【刘建春,张红珍,李俊莲,等.黄芪多糖对实验性自身免疫性脑脊髓炎小鼠脾细胞的免疫调节作用研究[J].中国免疫学杂志,2021,37(14):1710-1715.】

中图分类号:R285　文献标识码:A　文章编号:1000-484X(2021)14-1701-05

◆ 经典名方黄连阿胶汤的历史沿革及现代应用【魏鹏路,尚菊菊,刘红旭,等.经典名方黄连阿胶汤的历史沿革及现代应用[J].中国实验方剂学杂志,2023,29(03):34-43.】

中图分类号:R284;R289;R22;R2-031;R33　文献标识码:A　文章编号:1005-9903(2023)03-0034-10

◆ 中药联合右佐匹克隆治疗失眠随机对照试验的 Meta 分析【樊茜茜,平延培,魏淑,等.中药联合右佐匹克隆治疗失眠随机对照试验的 Meta 分析[J].中国老年学杂志,2022,42(22):5508-5512.】

中图分类号:R259　文献标识码:A　文章编号:1005-9202(2022)22-5508-05

◆ 中药复方治疗气虚血瘀型糖尿病用药规律分析【曹利华,白明,赵院院,等.中药复方治疗气虚血瘀型糖尿病用药规律分析[J].中国中医基础医学杂志,2023,29(01):127-134.】

中图分类号:R287 文献标识码:A　文章编号:1006-3250(2023)01-0127-08

◆ 犀角地黄汤对过敏性紫癜(血热妄行)患者肾脏保护及血清 C1GALT1/Cosmc 的影响【宋珂,宋丹,宋纯东,等.犀角地黄汤对过敏性紫癜(血热妄行)患者肾脏保护及血清 C1GALT1/Cosmc 的影响[J].时珍国医国药,2022,33(08):1925-1927.】

中图分类号:R2-031　文献标识码:A　文章编号:1008-0805(2022)08-1925-03

◆ 针刺结合氟哌噻吨美利曲辛治疗脑卒中后中度抑郁:随机对照研究【李艳丽,杨祖福,徐基民,等.针刺结合氟哌噻吨美利曲辛治疗脑卒中后中度抑郁:随机对照研究[J].中国康复医学杂志,2021,36(07):810-815.】

中图分类号:R743.3;R749.4;R245　文献标识码:A　文章编号:1001-1242(2021)07-0810-06

◆ 治疗感冒的中成药用药规律研究【杨淑慧,陈丽平.治疗感冒的中成药用药规律研究[J].中国中医基础医学杂志,2020,26(02):245-257.】

中图分类号:R511.6　文献标识码:A　文章编号:1006-3250(2020)02-0245-03

七、引言

引言,又称前言、导言、绪言、序言、绪论、导语等,是论文的引子或开场白,是对正文主要内容的简要说明,通常包含研究的背景、目的、理由,预期结果及其意义和价值等。字数约200~300,约占全文的1/10。

引言中的现阶段国内外最新研究成果综述应简短扼要,尽量不与讨论部分所涉及的相关内容重叠。

引言中应慎用"首创""首次""国内外尚未见报道"或"达到国际先进水平"等提法,防止不恰当的自我评价。国内首创,需要省级以上具有出具查新资格的相关机构出具查新证明;国际首创或领先,需要中国科学技术情报所查新证明。

引言举例

◆ 灵芝多糖在糖尿病及其并发症防治中的研究进展【陈嘉骏,王颖,桑婷婷,等.灵芝多糖在糖尿病及其并发症防治中的研究进展[J].中草药,2022,53(03):937-947.】

糖尿病已成为世界上继肿瘤、心脑血管疾病之后第3大严重危害人类健康的常见慢性病,持续高浓度的血糖会引起全身性血管损伤,影响心脏、眼睛、肾脏和神经,并会导致各种并发症的发生发展。根据国际糖尿病联合会数据统计,2019年全球糖尿病患者达4.63亿,预计到2045年,糖尿病患者数量将增加至7亿。我国是世界上糖尿病患病率上升最快的国家之一,目前约有1.1亿人口患有糖尿病,是糖尿病患者人数最多的国家。因此,迫切需要实施相应措施来预防糖尿病,加强糖尿病的早期发现及治疗,并利用生活方式和药物干预手段来预防或延缓糖尿病发展为并发症。开发新的潜在药物来防治糖尿病及其并发症,具有非常重大的理论意义和实用价值。

◆ 四逆汤抑制TLR4/NF-κB信号通路改善过敏性哮喘小鼠气道重塑【李重,程俊敏,彭红星,等.四逆汤抑制TLR4/NF-κB信号通路改善过敏性哮喘小鼠气道重塑[J].中国中药杂志,2022,47(22):6191-6198.】

过敏性哮喘(allergic asthma,AA)是一种气道异质性慢性炎症性疾病,其本质是慢性炎症触发了黏液的产生、支气管高反应性(airway hyperresponsiveness,AHR)和气道重塑(airway remodeling,AR)的病理过程,因此抑制潜在的炎症是其治疗关键。目前AA的临床治疗药物主要有糖皮质激素和β_2受体激动剂,其中糖皮质激素是很有效的控制气道炎症的药物,具有剂量依赖性,但是长期吸入和全身应用糖皮质激素会导致白内障、青光眼、高血压病和骨质疏松等副作用,并易出现激素抵抗,且激素抵抗型哮喘治疗困难。因此,迫切需要寻求更加有效的治疗方法。近年来,中医药治疗AA具有辨证论治和治病求本的诊疗特点,其临床疗效已经得到公认,但其作用机制仍需深入探究,以期为AA的治疗提供新思路。哮喘属本虚标实证,阳虚寒盛是哮喘的中医基本病机,津液的运化失常,如肺不能布散津液、脾不能输化水精和肾不能蒸化水液,凝聚成痰,壅塞气道而成哮病;《黄帝内经》曰"形寒饮冷则伤肺";因此,温阳化气是治疗哮喘的根本大法。经方四逆汤出自汉代张仲景的《伤寒杂病论》,由附子、干姜、炙甘草3味中药组成,是温阳化气的经典代表方。基于古代文献分析经典名方四逆汤主治的疾病包括哮喘。有报道称,四逆汤加减联合甘氨酸茶碱钠缓释片临床治疗变异性哮喘,改善患者临床症状,缩短咳嗽时间。已有实验研究显示,四逆汤可抑制TLR4/NF-κB炎症信号通路,下调炎症因子,减少胶原纤维沉积治疗病理性心肌肥厚;TLR4/NF-κB信号通路是哮喘发病的主要炎性通路;TLR4激活之后,在细胞质内形成复合体,经NF-κB活化转移至细胞核,其介导炎症反应和Th1/Th2分化调节,且Th细胞是过敏性炎症反应的关键因素,尤其是Th2细胞;过敏性哮喘的特点是2型细胞因子如IL-13、IL-4、AHR、黏液高分泌、嗜酸性粒细胞增多和IgE抗体水平升高;故本研究探讨四逆汤通过TLR4/NF-κB信号通路对哮喘气道重塑的影响,以期为四逆汤治疗AA提供实验依据。

◆ 从"脑为元神之府"探讨中风急性期的辨治方略【邓冬,刘文平,周爽,等.从"脑为元神之府"探讨中风急性期的辨治方略[J].中华中医药杂志,2021,36(3):1485-1488.】

"脑为元神之府"的提出首见于明代李时珍《本草纲目·辛夷条》,其言:"鼻气通于天,天者,头也,肺也,肺开窍于鼻,而阳明胃脉环鼻而上行。"脑为元神之府,而鼻为命门之窍。人之中气不足,清阳不升,则头为之倾,九窍为之不利。中风病是以猝然昏仆、不省人事、半身不遂、口眼㖞斜、语言不利为主症的病证。病轻者可无昏仆而仅见半身不遂及口眼㖞斜。中风急性期则是发病后2周以内、中脏腑者可延至1个月的病症。国内中医急症脑病组定义认为中风病是多种原因使"脑脉痹阻或血溢脑脉之外"所致,明确中风的病位在脑,与现代医学所说脑梗死或脑出血相似。笔者从"脑为元神之府"的理论钩玄、中风病因病机及复元醒脑汤组方治疗三方面来阐述中风急性期的中医辨治方略,以期为中风病的临床治疗提供参考。

◆ 桂枝加黄芪汤加味联合针灸对风寒湿型肩周炎患者的临床疗效【吴薇薇,宋曼萍,李莹莹,等.桂枝加黄芪汤加味联合针灸对风寒湿型肩周炎患者的临床疗效[J].中成药,2020,42(03):816-818.】

肩周炎是由肩关节囊及周围软组织损伤、退变引起的慢性、无菌性炎症反应病变,好发于中年人,主要表现为肩关节疼痛、活动功能受限等,给患者身心健康造成严重影响。目前,临床治疗肩周炎手段包括药物、针灸、手术等,但疗效差异较大,尚未形成统一规范近年来随着中医药在骨科研究的深入,其整体理念和辨证论治的优势逐步得到广大医师认可。桂枝加黄芪汤加味是临床治疗风寒湿型肩周炎的经验方,具有祛风除湿、行气活血、通痹止痛的作用;针灸治疗肩周炎的疗效已得到普遍认可,具有益气补血、温经散寒、活血通络、强筋壮骨等功效。本研究探讨桂枝加黄芪汤加味联合针灸对风寒湿型肩周炎患者的临床疗效,现报道如下。

◆ 左归丸对肾阴虚模型大鼠神经-内分泌-免疫功能的影响【付海尔,李建民,刘玉红,等.左归丸对肾阴虚模型大鼠神经-内分泌-免疫功能的影响[J].中国实验方剂学杂志,2017,23(22):155-159.】

肾阴虚证属于肾虚的一种类型,指肾阴亏损,失于滋养,虚热内生所表现的证候。它多由久病耗伤,或禀赋不足,或房劳过度,或过服温燥劫阴之品所致。肾阴为命门之水,主要生理作用是促进机体的滋润以制约阳热。若肾阴不足,则津液分泌不足,阴不制阳,新陈代谢相对亢进,出现热象。治疗肾阴虚证的原则主要以滋补肾阴为主。左归丸出自《景岳全书》,由熟地黄、枸杞子、龟板胶、鹿角胶、牛膝、山药、山茱萸、菟丝子等中药制成的复方制剂,主治真阴不足证,如自汗盗汗、头晕眼花、耳聋失眠、口燥舌干、腰酸腿软、遗精滑泄、舌红少苔、脉细等症状,具有滋阴补肾、填精益髓之功效,是治疗肾阴虚证的代表方之一,临床应用于治疗女性更年期综合征、内分泌科疾病、生殖机能异常性疾病、多种骨科劳损性疾病、常见老年性疾病和慢性血液科疾病等疾病。有研究报道,肾阴虚与现代医学下丘脑-垂体-甲状腺轴功能及下丘脑-垂体-肾上腺轴功能紊乱相关,同时与免疫功能紊乱有关。目前,左归丸在临床治疗肾阴虚的效果较好,但作用机制尚不明确。因此,本文采用甲状腺片复制肾阴虚模型大鼠,通过左归丸预防与治疗干预,观察左归丸对甲亢型肾阴虚模型大鼠神经-内分泌-免疫功能的影响,旨在探讨可能的作用机制。

◆ 从脾论治功能性腹泻机制探析【马金鑫,唐旭东,王凤云,等.从脾论治功能性腹泻机制探析[J].中华中医药杂志,2020,35(08):3828-3830.】

功能性腹泻(functional diarrhea,FDr)是指持续地、或反复发生的出现排稀粪(糊状粪)或水样粪,不伴有腹痛或腹部不适症状的综合征。腹泻症状出现至少6个月,且前3个月症状符合诊断标准,经检查未发现胃肠器质性改变。FDr是临床常见的功能性疾病,我国的发病率为1.54%,在亚洲处于较高水平。其发病机制尚不完全明确,现代医学缺乏行之有效的治疗方法。FDr属于中医"泄泻"的范畴。《医宗必读》曰:"无湿不成泻。"本病的病理因素主要是湿,脾受湿困,则运化不健,故脾虚湿盛是导致泄泻发生的关键所在。本文着重探析从脾论治FDr的机制,并结合现代实验研究及临床观察加深对中医理论的认识。

◆ 李时珍《本草纲目》论治泄泻特色浅析【涂华,苏成霞,聂璐,等.李时珍《本草纲目》论治泄泻特色浅析[J].时珍国医国药,2019,30(05):1237-1239.】

李时珍,字东壁,号濒湖,蕲州(今湖北蕲春)人,是我国明代杰出的医药学家,一生著作甚丰,惜佚失者多,目前存世的有《濒湖脉学》《奇经八脉考》及《本草纲目》等,其中又以《本草纲目》最受后世重视。其"岁历三十年,书考八百余家,稿凡三易"而撰写完成《本草纲目》,此书是对16世纪以前中医药学的系统总结,全书共52卷,约200万言,分为16部、60类,共收载药物1892种,新增药物374种,附方11096首,附图1100多幅,一改以往"上中下"三品分类方法,采用科学分类法,被英国生物学家达尔文誉为"中国古代的百科全书"。泄泻,简称泄或泻,又称下利,是指排便次数增多,粪便稀薄,甚至泻出如水样而言。前贤以大便溏薄而势缓者为泄,大便清稀如水而直下者为泻,宋代以后统称"泄泻",为了提高对泄泻病的论治水平,本文对《本草纲目》中有关泄泻的内容进行了整理与总结,以期探讨李时珍论治泄泻的特色,指导临床泄泻病的治疗。

八、材料与方法

材料与方法是中医论文最核心部分,是论文的基础,是判断其科学性、先进性、真实性、可靠性、实用性等的主要依据。

临床研究或实验研究论文,在"材料与方法"部分可有不同的命名方式。在临床研究中,通常称为"资料和方法""对象与方法"或"病例与方法"。在实验研究中,多称为"材料与方法"。

临床研究提供的资料包括病例来源(门诊、病房、流行病学调查)及纳入、排除标准,诊断及分型,疗效标准(引用者标明出处,自订者说明依据,疗效分为痊愈、显效、好转、无效、死亡),分型分组标准(随机、对照、双盲)。一般资料包括病例数,性别,年龄,职业,病程,病因,病型,主要症状与体征,实验室及其他检查,临床及病理诊断依据,观察方法与指标;治疗方法中使用药物名称(中药应采用正名,药典未收录者应附注拉丁文;中成药及西药名一般不宜使用商品名,确需使用商品名时应先注明其通用名称;英文药物名称应采用国际非专利药名)、剂量、剂型,应用方法等。临床研究必须在严格保护患者利益的情况下进行,且应说明其遵循的程序是否符合伦理学标准,并提供受试对象的知情同意书。因大多临床研究为回顾性的,且临床情况复杂,受试对象难以控制,很难做到严密设计,故应尽量增加观察的病例数量,分组尽可能详细。病例数可由相应的统计公式计算得出。

实验研究需要写明实验条件,包括动物名称(小鼠、大鼠、豚鼠、兔、狗)、种系、品系、数量、来源、性别、年龄、体重、健康状况,分组标准与方法,手术与标本制备过程,实验与记录的手段、方法及注意事项,动物合格证,实验室级别,所使用仪器设备型号、生产厂家,中试厂家等。实验方法与质量的描述要包括造模方法,仪器种类及精密度,测定结果,描记图像,试剂种类、规格、来源、成分、纯度、浓度、配制操作方法及过程、生产单位、出厂日期及批号等,工艺流程,质量控制标准;季节,室温,湿度及其他条件,统计方法等。实验研究所用的材料应详尽地列出来源及与课题研究有关的各种特征与特性。

描述实验方法应详尽具体,经得起重复,并说明实验方法是文献方法、改良方法,还是自己新发明的方法。对常用的实验方法,可在引用他人文献基础上简要描述,不需要交待细节。但对于改进的方法或自己发明的新方法,则需要详细介绍。实验方法还应包括实验设计、实验时间、地点、数据采集、统计分析方法、所用统计软件等。另外,实验方法若涉及保密则需要有关部门批准,注意详述方法与保密两者相互兼顾。

材料与方法举例

◆ 肾衰Ⅱ号方对慢性肾衰竭大鼠肾组织自噬相关蛋白表达的影响【王蒙,王琛,林评兰,等.肾衰Ⅱ号方对慢性肾衰竭大鼠肾组织自噬相关蛋白表达的影响[J].中国中西医结合杂志,2019,39(07):832-837.】

笔记栏

材料与方法

1　动物　80只SPF级健康成年雄性SD大鼠,8周龄,体重190~210g,购自上海西普尔-必凯实验动物有限公司,合格证编号:SCXK(沪)2008-0016,饲养于上海中医药大学实验动物中心,温度(22±2)℃,12h光照,相对湿度(55±2)%。饲料为市售固体普通饲料,饮用水均为自来水,自由饮用水及摄食。本实验通过上海中医药大学伦理委员会审批(No.SZY201604006),实验过程中遵守国家有关实验动物保护和使用准则。

2　药物　肾衰Ⅱ号方(组成:党参15g 淫羊藿15g 丹参15g 当归15g 制大黄15g 黄连6g 紫苏15g 川芎15g 桃仁15g 虫草菌丝5g),饮片购于上海康桥中药饮片公司,其中,党参、当归、制大黄产于甘肃,黄连、川芎产于四川,丹参、桃仁产于山东,紫苏、虫草菌丝产于浙江,淫羊藿产于陕西,中药饮片已经过鉴定,上海曙光医院制剂科制备(6.09g/ml);氯沙坦钾片(科素亚,100mg,杭州默沙东制药有限公司,批号:H20030654),西药蒸馏水制备混悬液(5.5mg/ml)。

3　主要试剂及仪器　兔抗大鼠Atg5单克隆抗体,美国Cell Signaling Technology公司,批号:12994S;兔抗大鼠LC3单克隆抗体,美国Cell Signaling Technology公司,批号:12741S;兔抗大鼠Beclin-1单克隆抗体,英国Abcam公司,批号:ab210498;GAPDH抗体,美国Proteintech公司,批号:60004-1-Ig;HRP标记山羊抗兔IgG(H+L),中国Beyotime公司,批号:A0208;HRP标记山羊抗小鼠IgG(H+L),中国Beyotime公司,批号:A0216;电泳及转膜装置:美国Bio-Rad公司。

4　造模及分组　随机选取65只大鼠制备5/6(A/I)肾切除CRF大鼠模型,适应性喂养1周后,用2%戊巴比妥钠(0.2ml/100g)进行腹腔注射麻醉,局部剃毛常规消毒,于左肋弓下0.5cm处,脊柱向左旁开1cm处切开一垂直于脊柱长约1.5cm切口。在无菌条件下经过后腹膜选取左肾并暴露肾脏,将肾包膜分离后,把左肾动脉的2/3分支结扎(单个结扎后支及前降支),缝合,1周后摘除右肾。30日后,目内眦采血测定肾功能及血常规指标。剔除造模失败和死亡大鼠后,造模成功存活45只,造模成功率为69%。将45只造模成功的大鼠分为9笼,编号1~9,每笼5只大鼠,编号1~5。分别测量每只大鼠的体重,利用SPSS 19.0软件建立数据库,录入笼号和编号,并以体重为变量,通过设定随机种子、产生随机数、对随机数编秩、对随机数秩次排列、随机确定等步骤确定1~15为模型组,16~30为中药组,31~45为西药组,每组15只,另取15只大鼠为假手术组。

5　干预方法　造模30日后,按成人标准体重(60kg)常规用量的20倍给药,西药组给予氯沙坦钾混悬液2ml(5.5mg/ml)灌胃,中药组给予肾衰Ⅱ号方浓煎药液2ml(含生药6.09g/ml)灌胃,药物灌胃剂量参照课题组既往研究用量。假手术组、模型组则予生理盐水2ml灌胃。各组每日干预1次,连续60日。干预期间自由摄食和饮水。

6　检测指标及方法

6.1　样本采集与处理　大鼠用2%戊巴比妥钠(0.2ml/100g)腹腔注射麻醉,打开腹腔,下腔静脉采血,4℃ 4 000r/min离心10min,收集血清。摘取左肾,将左肾横切为二,一半置10%中性缓冲福尔马林液中固定24h经石蜡包埋后制成3μm切片,行常规HE、Masson染色观察肾组织病理形态;一半沿皮髓交界线切开分离皮髓部,分装后放入液氮-80℃保存用于Western Blot检测。

6.2　血常规和生化指标检测　采用T540仪器测定HGB,全自动生化分析仪检测SCr、BUN。用CCr代替GFR,计算公式为:CCr(ml/min)=尿肌酐×24h尿量(ml)/SCr×1 440。干预前后分别检测上述指标。

6.3　Atg5、Beclin-1及LC3蛋白检测　采用Western Blot法。每20mg组织加入0.2ml的Lysis buffer(RIPA:PMSF=100:1)冰上反应30min,每10min震荡1次,充分裂解后4℃ 13 000r/min离心10min,将上清转至1.5ml EP管,再离心5min,用BCA法测定蛋白浓度,制备蛋白样品,100℃煮沸5min变性,置于-20℃保存。按照30μg/孔的蛋白上样量,采用12% SDS-PAGE的凝胶电泳,120V电泳,湿转法以100V,120min条件进行转膜,与5%脱脂奶粉室温下封闭20min,Atg5抗体(1:1 000)、Beclin-1抗体(1:1 000)、LC3抗体(1:1 000)、GAPDH抗体(1:2 000)4℃ 100r/min摇床过夜,HRP标记山羊抗兔或HRP标记山羊抗小鼠1:1 000室温100r/min孵育2h,0.01% PBS-T清洗10min/次,共3次,ECL发光,暗室曝光。条带的吸光度值以GAPDH作为内参照。

7　统计学方法　采用SPSS 19.0统计软件,计量资料用$\bar{x}±s$表示,组内干预前后比较采用配对t检验,多组间比较采用单因素方差分析,组间两两比较若方差齐则采用LSD法,方差不齐经对数转换,使方差齐后再用LSD多重比较,$P<0.05$为差异有统计学意义。

◆ 地黄-知母-黄柏配伍对药源性阴虚证小鼠肾上腺皮质功能的调节作用【李亚，潘志强，钱宏梁，等.地黄-知母-黄柏配伍对药源性阴虚证小鼠肾上腺皮质功能的调节作用[J].中草药，2020，51（19）：5019-5027.】

1 材料

1.1 实验动物

ICR 小鼠，雄性，体质量 22~23g，72 只，购自上海西普尔-必凯实验动物有限责任公司，动物许可证号 SCXK（沪）2013-0016，动物合格证号 2008001685697，所有动物饲养于上海中医药大学实验动物中心 SPF 级饲养室，环境温度 22~25℃，湿度 50%~60%，12h 明暗交替，自由饮水，普通饲料喂养。

1.2 药物及试剂

氢化可的松，国药集团化学试剂有限公司，批号 66003632；知母（批号 180823）、黄柏（批号 180829）、地黄（批号 180910），3 味中药均购自上海康桥中药饮片有限公司，经上海中医药大学中药学院崔亚君副教授鉴定符合药用标准。TR-Izol 试剂、Prime Script® RT 试剂盒、SYBR® Premix Ex Taq™（TliRNaseH Plus）试剂盒，日本 TaKaRa 公司；RIPA 裂解液、ECL 化学发光试剂盒、辣根过氧化物酶（HRP）标记的山羊抗兔/小鼠 IgG（H+L），上海碧云天生物试剂有限公司；小鼠皮质酮 ELISA 试剂盒（货号 501320），美国 Cayman 公司；低密度脂蛋白受体（LDLR）兔多克隆抗体（ab52818）、B 族 I 型清道夫受体（SRB1）兔多克隆抗体（ab52629）、类固醇合成急性调节蛋白（StAR）兔多克隆抗体（ab96637）、胆固醇侧链裂解酶（CYP11A1）兔多克隆抗体（ab175408）、胆固醇酰基转移酶 1（ACAT1）兔单克隆抗体（ab168342）、激素敏感性脂肪酶（LIPE）兔单克隆抗体（ab109400）、LXR 核受体家族成员（LXRα）兔单克隆抗体（ab176323），美国 Abcam 公司；小鼠 β-actin 单克隆抗体，美国 Sig-ma-Aldrich 公司。

1.3 仪器

MP200B 型电子天平，上海良平仪器仪表有限公司；Eco-illumina 实时荧光定量 PCR 仪，美国 Illumina 公司；Mini-PROTEAN Tetra 型电泳仪及转膜设备，美国 Bio-rad 公司；Alpha 化学发光凝胶成像系统，美国 ProteinSimple 公司；FEI TECNAI SPIRIT 透射电子显微镜（TEM），美国 FEI 公司。

2 方法

2.1 中药剂量确定及其制备

依据《中国药典》2015 年版中药饮片用法与用量，地黄 12~15g、知母 6~12g、黄柏 3~12g，取常用量的中位数剂量，地黄 13.5g、知母 9g、黄柏 7.5g，配伍组按照各单药 1/3 剂量配伍（即地黄 4.5g、知母 3g、黄柏 2.5g）。分别称取各药材饮片 100g，分别采用 5 倍量纯净水浸泡 1h，煮沸后小火煎煮 45min，共煎煮 2 次，2 次煎液混匀，滤过后将药液浓缩至生药 1g/ml 母液。考虑单一用药总剂量小于中药复方，各组按照成人剂量 40 倍换算，即每日小鼠给药量依据体质量换算为地黄 9g/kg、知母 6.0g/kg、黄柏 5.0g/kg、地黄-知母-黄柏配伍 6.7g/kg。

2.2 分组、造模及给药

小鼠适应性饲养 1 周，体质量达 28~32g 时，随机分为对照组、模型组、地黄组、知母组、黄柏组、地黄-知母-黄柏组，每组 12 只。采用 25mg/（kg·d）氢化可的松 ig 造模，每日 9:00 时给予氢化可的松，15:00 时给予相应剂量的药物水煎液，连续给药 5d，对照组和模型组小鼠 ig 给予等量灭菌水。

2.3 体质量检测

第 6 天处死小鼠，采用电子天平称量各组小鼠体质量。

2.4 血清皮质酮检测

摘眼球取血，分离血清，采用血清原液按照小鼠皮质酮 ELISA 试剂盒说明书操作，检测皮质酮含量。

2.5 肾上腺 TEM 检测

摘取小鼠肾上腺，剥离周围脂肪组织，置于预冷的 2.5% 戊二醛中固定 2h 后，将肾上腺组织对半切开修整，按照"缓冲液漂洗、1% 锇酸固定、再漂洗、乙醇梯度脱水、100% 丙酮浸透包埋处理、再超薄切片、3% 醋酸双氧铀-柠檬酸铅双染色"流程进行样品处理，最后在透射电子显微镜 6 000 倍下观察细胞超微结构，并拍照。

2.6 实时荧光定量 PCR（qRT-PCR）技术检测相关基因的表达

取小鼠肾上腺组织，加入 TRIzol 试剂抽提总 RNA。应用 Prime Script RT 试剂盒进行逆转录制备 cDNA，逆转录反应体系为 60μl，反应程序为 37℃×15min，85℃×5s，4℃终止。扩增反应体系为 20μl，反应程序为 95℃（变性）×3min，95℃（退火）×30s，60℃（延伸）×30s，40 个循环。扩增引物由 Primer3（v. 0. 4. 0）在线软件设计、美国 Life Technologies 公司合成，引物序列见表 1。各组均设 4 个复孔。采用 $2^{-\Delta\Delta C_t}$ 法计算分析，$\Delta C_t = C_{t目的基因} - C_{t内参基因}$；$\Delta\Delta C_t = \Delta C_{t实验组} - \Delta C_{t对照组}$；目的

基因 mRNA 相对表达量 $= 2^{-\Delta\Delta C_t}$，C_t 为扩增 n 个循环荧光数值。

2.7 Western blotting 检测相关蛋白表达

取小鼠肾上腺组织，置于预冷的 RIPA 裂解液中，湿冰上超声裂解后，4℃条件下 12 000r/min 离心 15min，收集上清液。采用 BCA 法测定总蛋白浓度。各孔取 12μg 蛋白上样，于 10% 聚丙烯酰胺凝胶电泳进行蛋白分离（浓缩胶电压 80V，30min；分离胶电压 120V，90min）。将分离后的蛋白电转移（恒流 250mA，150min）。加入 5% 脱脂奶粉于摇床上室温封闭 1.5h（磷酸化蛋白 LIPE 加入 5% BSA 于摇床上室温封闭 1.5h）。用 TBST 洗膜 3 次，每次 10min，分别加入一抗抗体（β-actin 体积稀释比例为 1∶20 000，LXRα、ACAT1 体积稀释比例为 1∶1 000，StAR、LDLR、SRB1、CYP11A1 体积稀释比例均为 1∶2 000，LIPE 体积稀释比例为 1∶5 000），4℃反应过夜。次日先以 TBST 洗膜 3 次，每次 10min。后加入 HRP 标记的山羊抗兔/小鼠 IgG（体积稀释比例为 1∶2 000），室温反应 1.5h。再用 TBST 洗膜 3 次，每次 10min。按 ECL 试剂盒说明进行显影。

2.8 统计学方法

实验数据采用 GraphPad Prism 7. 0 软件进行统计学分析和作图，计量资料以 $\bar{x}\pm s$ 表示，多组间比较采用单因素方差分析，两两组间比较采用 LSD-t 检验。

◆ 麦粒灸十宣穴联合康复训练治疗中风后手指痉挛:随机对照试验【牛丽,李彦杰,秦合伟,等.麦粒灸十宣穴联合康复训练治疗中风后手指痉挛:随机对照试验[J].中国针灸,2022,42(06):613-617.】

1 临床资料

1.1 一般资料

2018年6月至2020年6月于河南省中医院(河南中医药大学第二附属医院)招募中风后手指痉挛患者80例。将患者按就诊顺序编为1-80号,采用SPSS 22.0软件产生随机数字,将随机数字放入密封、不透光的信封中,患者按编号领取信封,随机数字尾号为奇数者为观察组,随机数字尾号为偶数者为对照组,每组40例。本研究已通过河南省中医院(河南中医药大学第二附属医院)医学伦理审批会审批(伦理审批号:KY20180509)。

1.2 诊断标准

西医诊断参照《中国急性缺血性脑卒中诊治指南2018》《中国脑出血诊治指南2019》中脑卒中的诊断标准,并经头颅CT或MRI检查支持诊断。中医诊断参照《中风病诊断与疗效评定标准(试行)》中中风病的诊断标准。

1.3 纳入标准

①符合上述诊断标准;②病情稳定,意识清醒,且能理解相关事宜;③中风次数≤2次;④年龄18~75岁,病程1~6个月;⑤中风后存在手指肌张力增高的症状,改良Ashworth痉挛程度量表(modified Ashworth scale,MAS)分级1~3级;⑥2周内未使用过镇静药或肌肉松弛剂;⑦自愿接受治疗,并签署知情同意书。

1.4 排除标准

①由其他原因引起的偏瘫,影响手功能恢复者;②合并严重心、肝、肺、肾及造血系统等原发性疾病者;③严重智力障碍或心理疾病、精神病患者;④重症高血压、糖尿病患者;⑤治疗穴位局部有瘢痕、感染及肢体不全者。

1.5 剔除、脱落标准

①自愿要求退出者;②未按规定治疗,因依从性差、资料不全等因素影响疗效或安全性判断者;③治疗期间因合并其他疗法影响疗效判断者。

1.6 中止标准

观察期间出现严重并发症或病情急剧恶化者;治疗过程中发生严重不良反应,如晕灸、严重烫伤等,根据医生判断应中止试验者。

2 治疗方法

基础治疗:两组患者均参照《中国急性缺血性脑卒中诊治指南2018》、《中国脑出血诊治指南2019》的方案,予控制血压、血糖,调节血脂,抗血小板聚集,改善脑部血液循环等中风后常规基础治疗及对症治疗。

2.1 对照组

根据痉挛程度与功能评估情况,针对性制定康复训练计划,主要以降低肌张力、减轻痉挛、改善关节活动度、提高日常生活能力为主。①患手主动、被动活动训练:指导或协助患者做掌指关节和指间关节的屈曲、伸展、内收、外展动作;②患者利用自身重力做按压桌面或治疗师协助患者做持续性腕背伸、腕掌屈动作,以牵伸腕背伸肌、腕掌屈肌;③提高患手日常生活能力训练:利用磨砂板、木钉板等辅助器械训练患者上肢屈伸及患手的抓握功能。以上治疗每日1次,每次30min,6d为一疗程,共治疗4个疗程。康复训练由具有3年以上专业资质的康复治疗师执行。

2.2 观察组

在对照组治疗的基础上,予麦粒灸十宣穴治疗。患者取仰卧位或坐位,选用优质纯艾绒制作成底面直径约0.3cm,高0.3~0.4cm,形如麦粒大小的圆锥形艾炷;先在皮肤表面涂抹少量万花油,将艾炷置于十宣穴上,用线香点燃,至患者感觉温热至疼痛明显时,迅速用镊子夹走艾炷,见图1。每穴灸8~10壮,根据患者手部肌张力高低及耐受程度决定灸量(MAS分级为1级或1⁺级,或对温热刺激耐受程度较差者施灸8壮;MAS分级为2级或3级,或对温热刺激耐受程度较强者施灸10壮),每日1次,6d为一疗程,共治疗4个疗程,麦粒灸操作由中医/针灸治疗师完成。

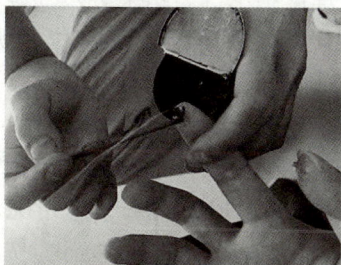

图1 中风后手指痉挛患者接受麦粒灸十宣穴治疗

3 疗效观察

3.1 观察指标

3.1.1 主要结局指标

（1）Fugl-Meyer运动功能评定量表（Fugl-Meyer assessment，FMA）评分：分别于治疗前后进行评定，以评估患手运动功能。量表包含7项内容，即集团屈曲、集团伸展、钩状抓握、侧捏、对捏、圆柱状抓握和球形抓握，每项分别计0、1、2分，单侧最高14分。分数越高表示手部运动功能越好。

（2）改良Ashworth痉挛程度量表（MAS）分级：分别于治疗前后对患手肌张力进行评定。0级：无肌张力增高；1级：肌张力略微增加，表现为受累部位的被动屈伸时，在关节活动之末出现突然卡住，然后呈现最小阻力或释放；1⁺级：肌张力轻度增加，表现为被动屈伸时，在关节活动度（ROM）后50%范围内出现突然卡住，然后呈现最小阻力或释放；2级：肌张力明显增加，通过关节活动范围的大部分时肌张力均有较明显的增加，但受累部位仍能较容易被移动；3级：肌张力严重增高，被动活动困难；4级：受累部分被动屈伸时呈现僵直状态，不能活动。

（3）表面肌电图指标：采用MyoTrac Infiniti Encoder SA9800型表面肌电图仪（加拿大Thought Technology Ltd）收集治疗前后患者患侧腕背伸肌、腕掌屈肌肌电信号值。用75%乙醇消毒肌肉表面的皮肤后，将一次性表面电极片粘贴于腕背伸肌、腕掌屈肌肌腹上，分别进行放松测试及被动功能测试，每块肌肉测试3次，每次5s，取均方根值（root mean square，RMS）为检测结果，数值越低表示肌张力越低。

3.1.2 次要结局指标

（1）神经功能缺损程度评分（neurological deficit score，NDS）：于治疗前后对患者患手肌力进行评定。0分为手肌力正常，1分为手不能紧握拳，2分为握空拳、能伸开，3分为能屈指、不能伸，4分为屈指不能及掌，5分为指微动，6分为完全瘫痪。

（2）改良Barthel指数（modified Barthel index，MBI）评分：对患者治疗前后日常生活能力进行评定。总分范围为0~100分，得分越高表示日常生活活动能力越好。

3.2 疗效评定标准

根据MAS评分情况进行疗效评定。MAS分级中0、1、1⁺、2、3、4级分别对应0~5分。痊愈：MAS评分下降至0分；显效：MAS评分降低2分及以上；有效：MAS评分降低1分；无效：MAS评分无变化。

3.3 统计学处理

数据采用SPSS 22.0软件进行统计分析。符合正态分布的计量资料采用均数±标准差（$\bar{x} \pm s$）描述，方差齐者组内比较采用配对样本t检验，组间比较采用两独立样本t检验；方差不齐者采用t'检验。计数资料采用频数或百分数描述，组间比较采用χ^2检验；等级资料组间比较采用Mann-Whitney U秩和检验。以$P<0.05$为差异有统计学意义。

九、结果

结果是临床研究、实验研究、理论研究、调查研究、改进生产工艺及方法的结晶,是中医论文的核心,是主题的基础和支柱,反映了论文水平的高低及其价值,是结论的依据。结果应包括真实可靠的观察和研究结果,测定的数据,导出的公式,典型病例,取得的图像,生产工艺流程方法,效果的差异(有效与无效),科学研究的理论结论等。结果必须真实、准确地叙述,数据准确无误,要进行统计学处理,对不符合主观设想的数据和结果,应作客观的分析报道。其写作技巧在统计分析,应当善于将调查、实验、观察得到的原始资料或数据,按研究目的、要求作统计处理,分析其意义、价值,借助图、表或文字加以合理表达。

结果应根据不同情况分段叙述,可设小标题、分标题。其表达方式有表、图、文字三种。

1. 表格 主要有统计学处理表、对照表、数据测定表、各种影响表、分布情况表、变化表、关系表等。表是简明的、规范化的科学语言,可使大量的数据或问题系统化,易于比较,便于记忆。表格应简明扼要,重点突出,内容精练,科学性强,栏目清楚,数字准确,一目了然。

表格的种类很多,从表现形式分,常用的表格有无线表(整个表无一根线,适用于项目很少、内容简单的场合)、卡线表(由铅线排成表格的栏线和行线,多适用于出现三项或三项以上的文字或数字,是中医论文最常用的表格)、系统表(只用横线、竖线或大括号把文字贯穿起来,用来表达系统中的隶属关系或多层次事项以构成系统)。按照用途可分为数据表、对比表、计算用表、研究用表四种。按版式角度分为横排表、竖排表、侧排表、跨页表、对页表、插页表等六种。

中医论文目前常使用卡线表中的三线表。三线表由上顶线(反线)、栏目线(正线)和下底线(反线)组成,表格两端不封口,不用纵线,必要时或加辅助线。应有表题和表号,表号、标题一般居中,表号、表题之间留一字空(即空两格)。表题力求简明,尽可能不用标点符号;表内数字一律用阿拉伯数字,同一项目内的数字修约应一致并使小数点上下对齐;表格不宜过大,内容避免繁杂。表宜少而精,能用文字表达清楚的则不用表,表的内容以数字为主,文字从简;备注项可用星角"＊"号或圈码表示,需要说明的项目应置于表注而不应放在标目里。

2. 插图 插图具有真实感,表达性强,言简意赅,一目了然的特点。插图是一种形象化的文字与表格,具有文字叙述和表格描述难以比拟的形象功能,可形象、直观、明确地展示事物的形态、结构、特性及变化规律,便于直观对比和分析。它既是文字叙述的重要补充,又是提高论文质量、缩减篇幅的重要支撑。

插图主要分为示意图和流程图、原始数据图、曲线图三大类。示意图多用于图示复杂的系统或程序,如解剖等;流程图则可展示活动、步骤、手术的过程等;原始数据图包括组织照片、X 线照片、CT、MRI、PET、TCD、脑电图、肌电图、心电图、凝胶电泳图、多导描记图等;曲线图包括线图、散点图、条图、直方图等。绘/制图时要求主题明确、突出重点、黑白分明、线条美观、影像清晰、立体感强;图中的字母、数码和符号必须清晰,大小适合,缩印后仍易辨认。图与表可以同时用,也可分开用。插图应有图题与图号,其序号应与文内对应的序号一致,图号与图题间留一字空,列于图的下方。图题力求简明,尽量不用标点符号。病理照片应注明染色方法和放大倍数。图形纵横比以 5 : 7 为宜,且符合视觉习惯。

3. 文字叙述 要简明扼要,力求用最少的文字,最简洁的语言把结果表达清楚,一般不宜引用参考文献。不要将图表的序号作为段落的主题句,应在句子中指出图表所揭示的结论,并把图表的序号放入括号中。

笔记栏

结果举例

◆ 类风湿关节炎达标治疗人群临床特点及风险因素评估预测模型建立与验证【郭梦如,杜星辰,李晖,等.类风湿关节炎达标治疗人群临床特点及风险因素评估预测模型建立与验证[J].中国中西医结合杂志,2024,44(06):684-691.】

结　果

1 两组一般情况比较(表1) 完成24周随访且有完整资料的RA患者中,未达标组654例,达标组222例。与未达标组比较,达标组年龄、WBC、PLT、性别(女)、家族史(有)、吸烟史(有)、饮酒史(有)、发病季节、发病诱因、关节功能、尿蛋白、尿RBC、关节拒按、关节畏寒、关节灼热、关节皮色不红、肌肉萎缩、腰膝酸软、肢体麻木、皮下结节、肌肤甲错或干燥无光泽、头晕耳鸣、面色黧黑、面颧潮红或五心烦热、盗汗失眠、舌质红、舌淡、舌暗紫、苔白腻或白滑、苔白厚腻、苔少、苔黄腻、脉弦缓或沉紧、脉濡数或滑数、脉细数、脉细弱、脉沉细涩或沉滑差异均无统计学意义($P>0.05$);DAS28、体重指数(body mass index,BMI)、病程、RBC、HB、PSA、医评、晨僵、尿WBC、关节拘急、遇寒加重、屈伸不利、皮肤红热、渴不欲饮、烦闷不安、少气乏力、面黄少华、自汗,心悸、舌质淡暗、苔薄白差异均有统计学意义($P<0.05$)。

2 LASSO回归分析的变量筛选(表2) 根据LASSO回归筛选出的因子,使用多变量Logistic回归分析来建立预测模型并绘制诺模图。并通过内部抽样验证,计算出C-index;通过多因素构建ROC曲线,计算AUC。筛选出BMI、PSA、HB、遇寒加重、肢体麻木、少气乏力差异有统计学意义($P<0.05$),为RA患者经cDMARDs治疗24周T2T的预测因素;医生评分、RBC、晨僵、尿WBC、关节拘急、屈伸不利、皮肤红热、渴不欲饮、面黄少华、自汗、心悸、苔少、苔薄白差异均无统计学意义($P>0.05$)。

表1　RA患者达标危险因素的单因素分析[$M(IQR)$/例(%)]

因素	未达标(654例)	达标(222例)	P值	因素	未达标(654例)	达标(222例)	P值
DAS28	4.49(3.87,5.27)	4.12(3.64,4.88)	0.000	关节拘急	103(15.7)	19(8.6)	0.008
年龄	61(52,67)	60(53,67)	0.914	关节畏寒	230(35.2)	86(38.7)	0.338
BMI	21.39(20.06,22.66)	22.10(20.31,24.03)	0.000	遇寒加重	103(15.7)	53(23.9)	0.006
病程	6.67(3.17,12.58)	4.38(1.98,11.17)	0.001	关节灼热	56(8.6)	15(6.8)	0.394
WBC	6.16(4.92,7.49)	6.19(5.14,7.69)	0.491	屈伸不利	199(30.4)	37(16.7)	0.000
RBC	4.07(3.82,4.40)	4.17(3.94,4.49)	0.001	皮肤红热	133(20.3)	24(10.8)	0.001
HB	119(110,127)	124(115,133)	0.000	关节皮色不红	71(10.9)	24(10.8)	0.985
PLT	226(185,281)	222(182,270)	0.353	肌肉萎缩	26(4.0)	8(3.6)	0.804
PSA	5(4,6)	4(3,5)	0.000	渴不欲饮	118(18.0)	26(11.7)	0.028
医评	5(4,6)	4(3,5)	0.000	腰膝酸软	218(33.3)	71(32.0)	0.711
性别(女)	554(84.7)	178(80.2)	0.116	肢体麻木	77(11.8)	37(16.7)	0.061
家族史(有)	26(4.0)	6(2.7)	0.382	烦闷不安	140(21.4)	27(12.2)	0.002
吸烟史(有)	6(0.9)	4(1.8)	0.480	皮下结节	23(3.5)	5(2.3)	0.355
饮酒史(有)	8(1.2)	7(3.2)	0.106	肌肤甲错或干燥无光泽	8(1.2)	2(0.9)	0.980
发病季节			0.387	头晕耳鸣	158(24.2)	42(18.9)	0.108
1	235(35.9)	72(32.4)		少气乏力	242(37.0)	46(20.7)	0.000
2	160(24.5)	60(27.0)		面黄少华	147(22.5)	28(12.6)	0.001
3	111(17.0)	31(14.0)		面色黧黑	11(1.7)	3(1.4)	0.734
4	148(22.6)	59(26.6)		面颧潮红或五心烦热	52(8.0)	15(6.8)	0.563
发病诱因			0.249	自汗,心悸	92(14.1)	15(6.8)	0.004
1	3(0.5)	4(1.8)		盗汗失眠	87(13.3)	25(11.3)	0.431
2	114(17.4)	39(17.6)		舌质淡暗	57(8.7)	32(14.4)	0.015
3	536(82.0)	179(80.6)		舌质红	409(62.5)	134(60.4)	0.564
4	1(0.2)	0(0.0)		舌淡	163(24.9)	48(21.6)	0.320
关节功能			0.471	舌暗紫	34(5.2)	9(4.1)	0.495
1	189(28.9)	69(31.1)		苔白腻或白滑	51(7.8)	19(8.6)	0.718
2	343(52.4)	110(49.5)		苔白厚腻	41(6.3)	14(6.3)	0.984
3	107(16.4)	34(15.3)		苔少	201(30.7)	55(24.8)	0.092
4	15(2.3)	9(4.1)		苔薄白	140(21.4)	78(35.1)	0.000
晨僵			0.015	苔黄腻	210(32.1)	57(25.7)	0.072
0	128(19.6)	65(29.3)		脉弦缓或沉紧	86(13.1)	38(17.1)	0.143
1	352(53.8)	102(45.9)		脉濡数或滑数	274(41.9)	87(39.2)	0.479
2	106(16.2)	29(13.1)		脉细数	160(24.5)	48(21.6)	0.390
3	68(10.4)	26(11.7)		脉细弱	81(12.4)	27(12.2)	0.930
尿蛋白	5(0.8)	4(1.8)	0.348	脉沉细涩或沉滑	47(7.2)	19(8.6)	0.503

表2　RA 患者达标危险因素的多因素分析

因素	β 值	OR	P 值
DAS28 评分	-0.204	0.815(0.627,1.060)	0.127
BMI	0.071	1.074(1.000,1.153)	0.049
PSA	-0.407	0.666(0.498,0.890)	0.006
医评总体	0.133	1.142(0.853,1.529)	0.371
RBC	-0.086	0.918(0.534,1.578)	0.756
HB	0.023	1.023(1.004,1.042)	0.019
晨僵			0.185
1	-0.224	0.800(0.489,1.308)	0.373
2	-0.166	0.847(0.422,1.698)	0.639
3	0.496	1.642(0.759,3.549)	0.208
尿 WBC	0.515	1.674(0.912,3.074)	0.096
关节拘急	-0.274	0.760(0.376,1.537)	0.445
遇寒加重	0.549	1.731(1.027,2.917)	0.039
屈伸不利	-0.271	0.763(0.441,1.320)	0.333
皮肤红热	-0.272	0.762(0.362,1.603)	0.473
渴不欲饮	-0.645	0.524(0.267,1.029)	0.061
肢体麻木	0.593	1.809(1.041,3.143)	0.035
少气乏力	-0.573	0.564(0.344,0.923)	0.023
面黄少华	-0.235	0.790(0.420,1.487)	0.465
自汗、心悸	-0.333	0.717(0.338,1.519)	0.385
苔少	-0.132	0.876(0.509,1.508)	0.633
苔薄白	0.423	1.527(0.924,2.523)	0.099

3　基于多元 *Logistic* 回归分析的模型建立（图1）将上述 19 个因子纳入多元 *Logistic* 回归分析,结果显示,有 6 个特征因子纳入预测模型,包括 BMI、PSA、HB、遇寒加重、肢体麻木、少气乏力 6 个独立预测因子的模型,并呈现为诺模图。经 1 000 次 *Bootstrap* 内部抽样验证证实 C-index 为 0.712,说明模型具有良好的区分性。

4　预测模型的准确性(图2)　多因素构建的 ROC 曲线显示曲线下面积 AUC 为 0.729,提示该预测模型有较高的准确性;精确率-召回率(precisionrecall,PR)曲线 AUC 值为 0.641,说明模型在正类样本识别方面的性能较好。

5　预测模型的一致性和拟合度(图3)　通过绘制 Calibration 校正曲线评估预测模型的准确性;通过 *Hosmer-Lemeshow* 拟合度检验绘制 DCA 曲线评估模型的潜在临床实用性;用于预测 RA 患者达标结局风险的诺模图的校准曲线显示出良好的一致性;*Hosmer-Lemeshow* 拟合度检验提示模型拟合度好。DCA 曲线显示模型具有潜在的临床应用价值。

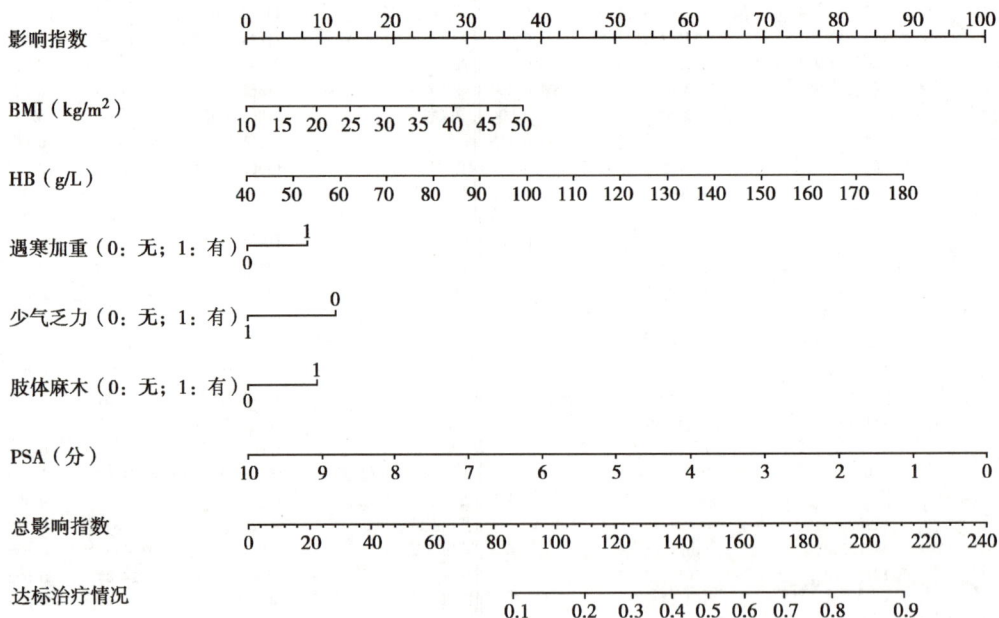

图1　RA T2T 诺模图

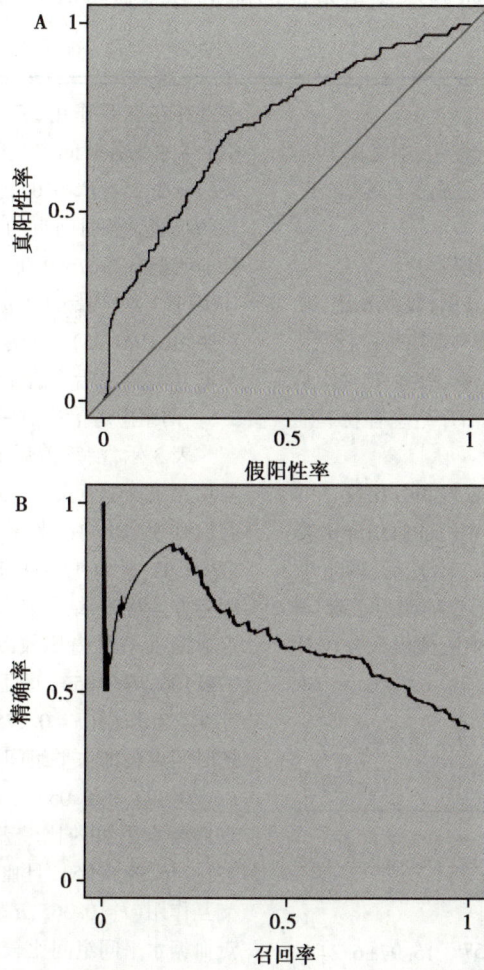

注：A为ROC曲线，曲线下面积AUC=0.729；B为PR曲线，曲线下面积AUC=0.641

图2　T2T诺模图预测的 ROC+PR 曲线

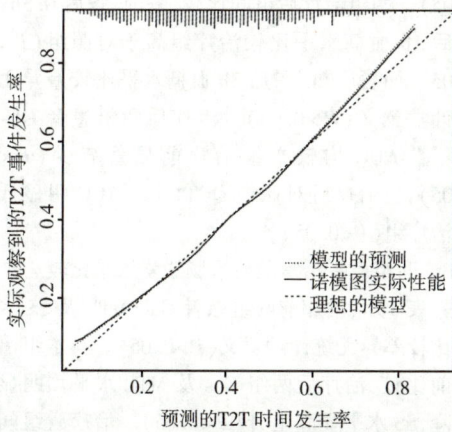

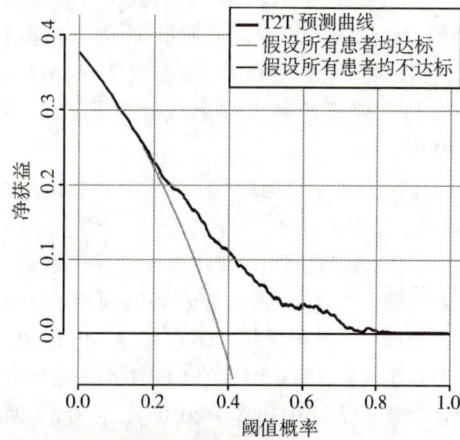

图3　T2T诺模型的校准曲线和临床决策曲线

◆ 半夏泻心汤治疗 2 型糖尿病寒热错杂证的随机对照临床研究【谈钰濛,胡骏,赵晖,等.半夏泻心汤治疗 2 型糖尿病寒热错杂证的随机对照临床研究[J].中医杂志,2022,63(14):1343-1349.】

3　结果

两组各有 5 例患者因依从性差、不能按规定服用药物而脱落。最终 72 例完成本试验,治疗组及对照组各 36 例。

3.1　两组患者中医证候疗效比较

治疗组 36 例中临床痊愈 0 例,显效 5 例,有效 23 例,无效 8 例,总有效率 77.78%;对照组 36 例中临床痊愈 0 例,显效 1 例,有效 15 例,无效 20 例,总有效率 44.44%。治疗组总有效率显著高于对照组($P<0.01$)。

3.2　两组患者治疗前后中医证候积分比较

表 1 示,两组患者治疗前中医证候积分比较差异无统计学意义($P>0.05$)。治疗后,两组患者的中医证候积分均较本组治疗前明显下降($P<0.05$)。治疗后治疗组患者中医证候积分较对照组明显降低($P<0.05$)。

表 1　两组 2 型糖尿病寒热错杂证患者治疗前后中医证候积分比较　（分,$\bar{x}\pm s$）

组别	例数	治疗前	治疗后
治疗组	36	21.47±8.69	12.67±6.08[a)b)]
对照组	36	20.89±8.57	15.97±6.24[a)]

注:a)与本组治疗前比较,$P<0.05$;b)与对照组治疗后比较,$P<0.05$。

3.3　两组患者血糖疗效比较

治疗组 36 例中显效 1 例,有效 17 例,无效 18 例,总有效率 50.00%;对照组 36 例中显效 3 例,有效 21 例,无效 12 例,总有效率 66.67%。两组总有效率比较差异无统计学意义($P>0.05$)。

3.4　两组患者治疗前后不同时间 GLP-1 水平及 GLP-1$_{(0-3h)}$-AUC 比较

表 2 示,各时间点 GLP-1 水平采用重复测量方差检验。治疗前,两组患者各时间点 GLP-1 水平组间比较差异无统计学意义($F=0.11$,$P>0.05$),组内各时间点测量的 GLP-1 水平差异有统计学意义($F=104.005$,$P<0.05$)。治疗后,两组内不同时间测量的 GLP-1 水平差异有统计学意义($F=147.491$,$P<0.05$),并且检测时间与组别存在交互作用($F=3.750$,$P<0.05$),两组 GLP-1 水平各时间点组间比较差异无统计学意义($F=2.251$,$P>0.05$)。t 检验结果显示,治疗后两组患者各时间点的 GLP-1 水平均较本组治疗前明显升高($P<0.05$)。治疗组治疗后 0.5h、1h GLP-1 水平及 GLP-1$_{(0-3h)}$-AUC 水平明显高于对照组($P<0.05$)。治疗后两组患者 GLP-1$_{(0-3h)}$-AUC 均较本组治疗前显著增加($P<0.05$)。

3.5　两组患者治疗前后糖代谢指标比较

表 3 示,治疗前后 HbA1c 水平组间比较差异均无统计学意义($P>0.05$);组内比较,两组患者治疗后 HbA1c 水平均较本组治疗前降低($P<0.05$)。OGTT 各时间点血糖水平采用重复测量方差检验,结果显示治疗前两组患者各时间点血糖水平组内比较差异有统计学意义($F=274.106$,$P<0.05$),并且血糖测量时间与组别不存在交互作用($F=0.275$,$P>0.05$),两组患者在各时间点血糖水平组间比较差异无统计学意义($F=0.093$,$P>0.05$)。治疗后,两组患者各时间点血糖水平组内比较差异有统计学意义($F=371.746$,$P<0.05$),且血糖测量时间与组别存在交互作用($F=0.365$,$P<0.05$),两组患者各时间点血糖水平间组间比较差异有统计学意义($F=5.472$,$P<0.05$)。

t 检验结果显示,治疗后对照组各时间点血糖水平均明显低于治疗前($P<0.05$),而治疗组仅餐后 1h 和餐后 2h 血糖水平低于治疗前($P<0.05$)。两组治疗后组间比较,餐前、餐后 0.5h、餐后 1h 血糖水平比较治疗组高于对照组($P<0.05$),而餐后 2h、餐后 3h 血糖水平比较差异无统计学意义($P>0.05$)。治疗后两组患者 OGTT$_{(0-3h)}$-AUC 均较本组治疗前显著减少($P<0.05$),且治疗后对照组 OGTT$_{(0-3h)}$-AUC 明显低于治疗组($P<0.05$)。

3.6　两组患者治疗前后胃肠激素水平比较

表 4 示,治疗前两组患者 Gas、MTL 及 SS 水平比较差异无统计学意义($P>0.05$)。与本组治疗前比较,治疗后两组 Gas 及 MTL 水平均明显下降,SS 水平显著上升($P<0.05$)。治疗后组间比较,治疗组 Gas 及 MTL 水平低于对照组($P<0.05$),而 SS 水平差异无统计学意义($P>0.05$)。

3.7 两组患者治疗前后 BMI、血脂水平比较

表 5 示,两组患者治疗前 BMI 和血脂各指标比较差异无统计学意义($P>0.05$)。与本组治疗前比较,治疗组治疗后 BMI、TC、LDL-C 水平显著降低,HDL-C 显著升高($P<0.05$);对照组 BMI 及血脂各项水平差异均无统计学意义($P>0.05$)。治疗后组间比较,治疗组 BMI、LDL-C 水平低于对照组($P<0.05$)。两组患者治疗前后 TG 水平差异均无统计学意义($P>0.05$)。

3.8 安全性结果

研究期间未出现严重不良事件。两组患者治疗前后血、尿、便常规,肝功能、肾功能检测均未出现明显异常。

表 2 两组 2 型糖尿病寒热错杂证患者不同时间点 GLP-1 水平及 GLP-1$_{(0-3h)}$-AUC 比较 ($\bar{x}\pm s$)

组别	时间	例数	GLP-1/pmol·L^{-1}					GLP-1$_{(0-3h)}$-AUC/
			餐前	餐后 0.5h	餐后 1h	餐后 2h	餐后 3h	h·pmol^{-1}·L^{-1}
治疗组	治疗前	36	14.21±6.52	20.42±6.49	27.88±9.00	36.32±12.45	33.11±13.56	87.55±12.52
	治疗后	36	19.47±6.48[a]	33.82±10.16[a)b)]	48.83±13.3[a)b)]	44.74±15.54[a)]	40.61±11.04[a)]	123.4±14.90[a)b)]
对照组	治疗前	36	14.24±6.89	21.17±6.56	28.49±8.75	35.47±11.23	31.67±13.28	86.82±11.81
	治疗后	36	20.75±6.83[a)]	28.34±7.54[a)]	42.06±11.66[a)]	41.39±10.97[a)]	39.92±9.98[a)]	112.3±11.73[a)]

注:GLP-1,胰高血糖素样肽-1;GLP-1$_{(0-3h)}$-AUC,餐后 3 小时 GLP-1 曲线下面积。
a) 与本组治疗前比较,$P<0.05$;b) 与对照组治疗后比较,$P<0.05$。

表 3 两组 2 型糖尿病寒热错杂证患者治疗前后糖代谢指标比较 ($\bar{x}\pm s$)

组别	时间	例数	HbA1c/%	OGTT 检测(血糖)/mmol·L^{-1}					OGTT$_{(0-3h)}$-AUC/
				餐前	餐后 0.5h	餐后 1h	餐后 2h	餐后 3h	h·mmol^{-1}·L^{-1}
治疗组	治疗前	36	7.62±0.70	7.52±1.46	13.03±1.59	16.55±2.05	15.48±2.92	11.31±3.57	41.95±5.98
	治疗后	36	6.99±0.64[a)]	6.93±1.03[b)]	12.93±1.40[b)]	15.32±1.48[a)b)]	13.36±1.48[a)]	10.01±2.09	37.38±4.32[b)]
对照组	治疗前	36	7.76±0.54	7.75±1.32	12.90±1.45	16.44±1.68	15.81±2.66	11.61±3.18	42.33±5.1
	治疗后	36	6.92±0.55[a)]	6.37±0.69[a)]	12.01±1.39[a)]	14.37±1.16[a)]	13.32±1.61[a)]	9.87±1.81[a)]	35.47±3.58[a)]

注:HbA1c,糖化血红蛋白;OGTT,口服葡萄糖耐量试验;OGTT$_{(0-3h)}$-AUC,餐后 3 小时血糖曲线下面积。
a) 与本组治疗前比较,$P<0.05$;b) 与对照组同时间比较,$P<0.05$。

表 4 两组 2 型糖尿病寒热错杂证患者治疗前后空腹 Gas、MTL 及 SS 水平比较 ($\bar{x}\pm s$)

组别	时间	例数	Gas/pmol·L^{-1}	MTL/ng·ml^{-1}	SS/ng·ml^{-1}
治疗组	治疗前	36	120.14±9.33	422.28±42.68	33.94±5.70
	治疗后	36	84.78±12.01[a)b)]	303.89±56.12[a)b)]	47.06±10.04[a)]
对照组	治疗前	36	119.64±11.25	409.08±48.57	32.61±6.17
	治疗后	36	96.64±9.09[a)]	343.00±51.87[a)]	43.61±10.96[a)]

注:Gas,胃泌素;MTL,胃动素;SS,生长抑素。
a) 与本组治疗前比较,$P<0.05$,b) 与对照组治疗后比较,$P<0.05$。

表 5 两组 2 型糖尿病寒热错杂证患者治疗前后 BMI、血脂水平比较 ($\bar{x}\pm s$)

组别	时间	例数	BMI/kg·m^{-2}	TC/mmol·L^{-1}	TG/mmol·L^{-1}	HDL-C/mmol·L^{-1}	LDL-C/mmol·L^{-1}
治疗组	治疗前	36	24.86±4.12	5.03±0.88	1.61±0.50	1.15±0.20	2.92±0.77
	治疗后	36	22.77±2.90[a)b)]	4.50±0.75[a)]	1.51±0.42	1.23±0.18[a)]	2.57±0.56[a)b)]
对照组	治疗前	36	24.40±3.52	5.06±0.86	1.72±0.60	1.16±0.25	2.87±0.81
	治疗后	36	24.28±3.40	4.69±0.75	1.69±0.60	1.27±0.20	2.85±0.60

注:BMI,体重指数;TC,胆固醇;TG,甘油三酯;HDL-C,高密度脂蛋白胆固醇;LDL-C,低密度脂蛋白胆固醇。
a) 与本组治疗前比较,$P<0.05$,b) 与对照组治疗后比较,$P<0.05$。

十、讨论

讨论是论文的精华部分,是对研究结果的科学解释与评价,是作者对实验观察结果的思考、理论分析和科学推论,阐明事物间的联系,揭示研究结果在理论与实践中的意义。

讨论时应首先对本研究进行文献复习,围绕研究目的,突出主题,抓住重点,着重讨论新发现、新发明和新的启示及其从中得出的结论。对于新的临床病例报告,还应说明诊断标准和鉴别诊断;如果是观察新药的疗效,还要说明如何肯定疗效,疗效的指标是否合理,今后治疗方法上还需如何改进。比较本文所取得的结果和预期的结果是否一致,结论如何;并与国内外同类研究进行比较,突出本研究的创新与先进之处,突出作者的观点和见解,居于什么地位,达到什么水平,实事求是地对本研究的限度、缺点、疑点加以分析和解释,解释因果关系,说明偶然性与必然性。展示有待解决的问题,提出今后的研究方向、改进方法及工作的设想和建议。

值得提出的是,与新版国家标准《学术论文编写规则》(GB/T 7713.2—2022)要求结论单列一段不同,目前多数中文核心期刊论文及 SCI 论文多不写结论,而是将结论和讨论合并在一起。如写结论时,对不能明确或无确切把握的结论,可用"印象"二字表示,并适当选用"看来""似乎""提示"等留有余地的词,来代替"证明""证实"等肯定的词。如果推倒不出结论,也可没有"结论",而写作"结束语",进行必要的讨论,提出建议或待研究解决的问题。结论应简明扼要,精练完整,逻辑严谨,表达准确,措辞得当,有条理性,主要反映论文的目的、解决的问题,最后得出的结论应与引言相呼应。故有的论文将讨论部分写成讨论与分析。这部分不使用图表,篇幅不宜过长,一般占全文的 1/3 ~ 1/2。文献一般不整段引用,摘其主要观点或结论,用角码标出参考文献。

讨论举例

◆ 2020—2021 年度中医藏象理论研究进展【王国为,杨威,张宇鹏,等. 2020—2021 年度中医藏象理论研究进展[J]. 中国中医基础医学杂志,2023,29(01):56-64.】

4 总结与展望

近两年来,专家学者在藏象理论研究领域有了积极进展,取得大量成果,也存在一些问题与不足之处,总结与展望如下。

4.1 趋势与亮点

从藏象理论体系的整体性研究而言,主要从学术源流、思维特点、辨证体系、现代应用与分析评价等多方面开展研究。其中,在藏象理论的思维模式研究方面,北京中医药大学的贾春华团队长期致力于藏象理论中隐喻方法的研究,其研究工作经持续多年不断延伸拓展,已形成一定的影响,是近年来较突出的独创性研究成果。南京中医药大学的吴承玉团队,是另一个同样长期持续坚持研究的重要研究团队,多年来其深耕于脏腑辨证的研究,在既有的脏腑辨证基础上,重新构建并完善了以五脏系统为核心的藏象辨证体系。

其研究成果在很大程度上揭示了藏象理论与临床实践的联系,具有很强的实用性。

在具体脏腑的各论及脏腑相关研究中,主要从发生学、学术源流、基本概念、理论体系结构、生理功能与特性等多方面开展研究。其中不乏亮点,如"肝为罢极之本""肺主治节""心主神明""命门"等重要概念与理论,被多位学者从不同角度反复研究,其学术观点彼此争鸣,形成了一些研究热点,促进了藏象学的传承与发展。部分研究涉及多学科,从中西医学比较、系统科学思辨、肠道菌群、生物节律等多角度予以阐发,富有新意,启迪思维。

4.2 存在的问题与不足

与此相应,也正如一些专家学者评价所言,当前的藏象理论研究尚存在不少问题与不足之处。概言之,主要表现为以下三点:

4.2.1　藏象理论的概念研究需进一步加强

概念研究历来是藏象理论研究的重点，在近两年的研究中也占据了相当的比例。然而当前的概念研究不少还停留在文献考证或个人主观想象推理的阶段，或老生常谈、了无新意，或标新立异、华而不实，一些研究成果很难取得学界的认同与共识。藏象理论的部分概念还存在众说纷纭、尚无定论的情况，在很大程度上影响相关研究的深层次推进。有鉴于此，对于今后藏象理论概念的研究，需要从两个方面进一步加强。一方面在宏观层面上，要进一步加强对中医学概念体系框架结构的研究，从整体上加强对藏象学概念的理解与把握；另一方面针对每一个具体概念而言，应加强对现实问题的关注，注重开展具体情境下的诠释工作，更多地发掘其解决现实问题的价值与意义。

4.2.2　藏象理论的研究方法需进一步探讨

藏象理论研究历来都是中医科研的重点方向，成果众多。然而对于藏象理论研究方法的选择，则鲜有深入的思考与探讨，其中一些研究方法尚有商榷的余地。问题存在较多的是对西医学理论与成果的简单拼接套用。中西医学分属不同的理论体系，其各自的理论虽然可以指向同一经验事实，但并不等于可以混淆二者的本质差别。然而一些中医研究中存在过度追逐西医研究热点的情况，这样的研究成果实际上很难继续深入。更有价值的做法是从现代医学成果中汲取灵感，从而加深我们对中医藏象理论的理解，在中医理论指导下，在临床实践中实现创新。另一类常见的问题，是随意运用不符合科学思维的传统方法。如一些学者喜欢从周易卦象出发开展藏象理论研究，这一方法在中医学发展史中确实起到了启发灵感的促进作用，然而这显然不能算是严谨的科学方法，其得出的结论也并不属于科学研究成果的范畴，难以让人信服。还有一些研究则存在过度诠释之嫌，扩大了藏象理论整体或局部范畴，泛化了藏象理论的内涵。由此可见，只有科学严谨的研究方法，才能得出有价值的成果，因而仍需进一步加强对于藏象理论研究方法的深入探讨。

4.2.3　藏象理论的创新研究需进一步提升

近年来，在藏象理论研究方面提出的新观点虽然比较多，但从论证的严谨性与新理论的实用性而言，还需进一步提升。临床实践能力的提升是中医学术不断传承发展的原动力。当代藏象理论的研究，一方面应紧密与临床实践相结合，进一步加强对现实问题的关注，注重以提升临床实践能力为目标开展研究工作；另一方面则要尽量避免单纯从推理而来的主观想象结论，不能将中医理论研究虚化。然而，当前的一些藏象理论创新成果，存在主观推测与过度诠释之嫌，论证过程不够严谨，也未经过临床实践的检验。这一类成果往往是为创新而创新，不具备临床实用价值，对于中医学之未来发展亦无益处。因此，当代对于藏象理论的创新应在传承中医原创理论精华的基础上，注重回归临床实践，以解决临床存在的现实问题为目标，开展更多更有意义的研究工作。

4.3　未来展望

藏象学作为中医学理论的核心与基石，其理论发展至今已形成一个相对完整而成熟的体系。对于藏象学而言，其不仅仅是对人体结构及其生理现象做出一定的说明，同时也出中医对人类生命与健康观念的认识，并隐含了对人体健康标准的界定。因此，藏象学在当代之发展，同样也必须立足于临床实践能力的进步与突破，脱离了临床而谈藏象理论创新，无益有害。

由此笔者认为，就藏象学未来发展而言，应从传承和创新两个研究方向开展工作：一是"传承"研究，即是对既有藏象理论的诠释性工作，包括藏象学的基本概念研究、理论体系框架结构研究、思维方式研究、发生学研究、学术源流研究，以及在一定程度上的中西医学比较研究等。这一类研究的主要目的是加深我们对藏象理论的理解与认知，进而为中医理论与临床在当代的创新打下坚实的基础。二是"创新"研究，则是指基于临床实践的理论创新。在中医学理论中，藏象、病机、证候与治则四者在实质上是具有内在联系而相互贯通的。以肝为例，"肝主风"是藏象学理论，在病机则表现为"诸风掉眩，皆属于肝"，在证候中则称"肝风内动证"，治疗则需"平肝息风"，四者构成了一个从理论到临床、从疾病到治疗的完整辨证施治过程。自《黄帝内经》以降，每一次藏象学领域出现的理论创新都是针对性地解决了临床实践中遇到的重大理论问题，都必然伴随着临床实践的重大突破，意味着中医学理论体系的重大进步。如李东垣论脾胃、朱丹溪论相火、明代诸家论命门等莫不如是。而如邓铁涛之五脏相关理论、王永炎之中医脑病学说，也属于藏象学在现代的重大创新成果。

综上所述，当前的藏象理论研究，从传承和创新两个方面都还存在不足。今后的研究工作还需要进一步加强与临床实践的联系，契合临床需求和社会需求，更加注重合理应用现代科学技术和多学科研究成果，传承精华，守正创新，才能为现代中医药学的发展做出更大贡献。

◆ 中医湿证与糖皮质激素增多状态的相关性探讨【孙海洋,陈岱宜,刘启亮,等.中医湿证与糖皮质激素增多状态的相关性探讨[J].时珍国医国药,2022,33(12):2976-2979.】

本文讨论了湿证与糖皮质激素增多在外在表现与生理机制上的相关性,通过对已有研究线索进行梳理归纳,提出循环糖皮质激素增多可能是中医湿证在病理表现上的重要变化之一,虽然不少已有的研究结论对该学说的提出有支持作用,但结果的可靠性及可信度仍存在一些问题:(1)由于中医证候的复杂性、肠道菌群的多样性、样本量的局限性,仅能初步证实肠道菌群影响糖皮质激素体内代谢过程,皮质醇增多可能在一些疾病的发生、发展及湿证的形成中起重要作用,具体的菌群种类及作用机制尚不明确,需要进一步深入研究;(2)代谢组学研究结果多停留在差异代谢产物与湿证"可能"相关阶段,具体机制尚不明确,代谢组学受体质、年龄、饮食和环境等多种因素的影响,且中医湿证往往兼加他证,湿证轻重程度不同,差异代谢产物可能会发生变化,难以保证结果的可复制性;(3)中医学注重整体观念,证候与循环糖皮质激素、皮质醇、基因、蛋白、代谢功能等不是一一对应的关系,要从整体层面分析和解释湿证的实质,需要多学科、多种分析技术相结合来进行研究。内源性糖皮质激素增多是现代社会多种高发病率、高致死率的慢性疾病的重要危险指标,湿邪在其中发挥的作用也越来越受到重视,若能一步阐明糖皮质激素增多与中医湿证的关系,对优化中医湿证的现代化诊断与治疗手段,提高中西医结合改善湿证人群的健康水平,疾病控制与慢病管理,具有重要的战略和现实意义。

◆ 芩麻方通过调控髓源抑制细胞抑制非小细胞肺癌的机制研究【朱杨壮壮,侯怡飞,张飞,等.芩麻方通过调控髓源抑制细胞抑制非小细胞肺癌的机制研究[J].北京中医药大学学报,2020,43(12):1018-1026.】

4 讨论

现代临床采用顺铂等放疗药物以及靶向药物治疗非小细胞肺癌取得了卓越的成效,但也伴随着毒副作用与耐药性的不断发生,极大地影响了肺癌患者的生存质量。中医药应用具有独特的辨证论治理论体系,对于肿瘤微环境具有良好的调控作用,且其毒副作用较低。本研究依据"肺为贮痰之器"的中医基础理论,选取国医大师裘沛然先生的化痰经验方芩麻方来尝试治疗肺癌。据中医现代观念"肿瘤痰污染学说"认为,恶性肿瘤的发生与发展依赖于痰浊的产生与积累。肺主"通调水道",肺的宣发肃降功能失常可导致痰浊的产生;而痰浊在细胞间质中的积累改变了细胞间质微环境,为肿瘤细胞的生长、侵袭和转移提供了良好的"温床"。因此,肺失宣降、痰浊内蕴是肺癌发生的根本原因。芩麻方作为临床主治寒邪痰热内蕴之哮喘、咳嗽的效方,具有宣肺平喘、温肺化饮、清热燥湿、敛肺止咳的功效。方中以麻黄宣肺解表,细辛解表平喘;外邪由表传里,入而化热,痰热蕴肺,故予黄芩清上焦之热,予龙胆草清热燥湿;痰为浊阴之邪易凝滞,故于细辛、干姜以温肺化痰;诃子性涩,功在敛肺止咳。本方有开、有化、有降、有润,宣敛并用,切中肺失宣降,痰浊内蕴之病机。根据"化痰治癌"的治疗原则,本研究首次运用芩麻方进行抗肺癌的科学实验研究。并且本研究中所采用的肺癌原位小鼠模型能够更好地模拟临床肺癌的发展规律,做到"有是故,用是药",并且该方的组成药物大多归属肺经,比皮下荷瘤小鼠模型更符合中医药的诊治原则。同时,肺癌临床一线用药顺铂对小鼠肺癌原位模型的有效抑制作用与临床肺癌治疗效果一致,也表明该模型具有临床意义。本研究结果显示,中、高剂量的芩麻方均能够显著延长肺癌原位模型小鼠生存期并明显改善其生存状况。然而体外研究表明,芩麻方对 LLC-luc 细胞增殖无明显的直接抑制作用,提示芩麻方可能是通过调控肿瘤微环境发挥间接抑瘤作用。

MDSCs 是肿瘤微环境中重要的异质细胞群体,对 T 细胞具有强烈的免疫抑制作用。小鼠体内 MDSCs 可分为多核样 MDSCs 和单核细胞样 MDSCs 2 个亚型。研究结果显示,中剂量芩麻方可明显减少肿瘤微环境中 MDSCs 数量,增加 $CD8^+T$ 细胞浸润。肿瘤微环境中 MDSCs 的免疫抑制作用主要是通过在肿瘤原发灶和转移灶的募集与活化,并分泌 Arg1、iNOS 等抑制 T 细胞的增殖和活化,促进 T 细胞凋亡而实现的。STAT3 是在炎性环境下调控 MDSCs 募集与活化的核心转录因子,STAT3 的激活对于功能性 MDSCs 的扩增是必要的,且激活的 MDSCs 所具有的免疫抑制特性是 STAT3 依赖性的。事实上,MDSCs 的 2 个亚型分别通过不同机制发挥免疫抑制能力。多核样 MDSCs 主要通过 STAT3 信号通路分泌 ROS 和 Arg1;而单核样 MDSCs 则通过 STAT1 信号通路分泌 iNOS 和 NO 发挥免疫抑制作用。中剂量芩麻方能够下调 *Arg1* 和 *STAT3* 的基因表达并抑制 Arg1、STAT3 和 p-STAT3 的蛋白表达,然而其对 *iNOS* 的基因表达无显著影响,表明可能是通过抑制多核样 MDSCs 而发挥拮抗免疫抑制的作用。结论仍需进一步通过 MDSCs 与 T 细胞共孵育后,观察其对 T 细胞的抑制情况验证。

本研究结果显示芩麻方能够显著延长肺癌原位模型小鼠的生存期,其机制可能与下调 STAT3 信号通路抑制 MDSCs 增殖与活化有关。并且,中、高剂量芩麻方的肝肾毒性检测结果提示该方具有用药安全性。对于芩麻方抑制肺癌的研究有利于名医经验方临床应用的拓展,同时也可丰富肿瘤痰污染学说的理论内涵,为化痰治癌提供现代科学新依据。

十一、致谢

致谢是论文作者对参加本项研究部分工作,协助完成论文撰写、审校的有关单位和个人表示谢意的一种方式,是对他人的贡献与责任的肯定。致谢对象包括对本研究及论文工作参加讨论或提出过指导性建议者、指导者、修改者、审校者、技术协作者,提供实验材料、仪器设备及其条件者,为本文绘制图表或为实验提供样品者,论文数据处理者,给予资料、图片、文献转载和引用权者,对本文给予捐赠及资助者等。

致谢必须实事求是,并应征得被致谢者的书面同意,未经允许,勿强加于人,应防止剽窃掠美之嫌。一般在正文后面提出其姓名、职称或职务,工作内容或说明其贡献,如"技术指导""参加实验""临床观察""收集数据""现场指导""提供仪器和设备"等。书写方式多为"本文曾得到×××帮助、审阅指导",或"本文承蒙×××帮助、审阅指导,谨此致谢"。致谢应置于文末,参考文献著录之前。

致谢举例

◆ 本文承蒙×××教授(或老师)审阅,特此致谢!

◆ 本文承蒙×××教授(或老师)提供部分标本,特此致谢。

十二、参考文献

参考文献是作者为标明论文中某些论点、数据、资料与方法的出处,供读者参阅、查找而引用的有关文献,是中医论文的重要组成部分。它表明了论文的科学依据和历史背景,以及作者尊重他人研究成果的态度,向读者提供引用原文的出处,便于检索。

参考文献应尽可能引用最新公开发表的关键文献(医史文化类除外),而且是作者亲自阅读过的原著。一般 10 条左右,综述为 20 条左右。多选取该领域权威专家,或具有代表性观点的论文,或引用核心期刊或特色期刊上的论文。引用或著录时应准确、清晰、完备,用规范化、标准化格式,有利于文献的理解、阅读、检索与国际交流。内部资料、非公开发行书刊的文章等,均不能作为参考文献被引用。未经核查的引用,不应列入参考文献中。引用经典著作,可在正文内所引段落末加圆括号注明出处,不列入参考文献著录。

参考文献包括期刊、专著、学位论文、会议论文、标准等。其著录及书写格式采用国家标准格式 GB/T 7714—2015《信息与文献 参考文献著录规则》,文后参考文献表按顺序编码制或采用著者-出版年制。

顺序编码制是按正文中引用的文献出现的先后顺序连续编码,并将序号置于方括号中,参考文献的序号均可用阿拉伯数字标明。引文写出原著者,序号标在著者的右上角如"李成文等[1]";如未写著者姓名,序号应放在引文之后;引用多篇文献时,须将每篇文献的序号在方括号内全部列出,序号间用","(如×,×,×);连续序号,标注起止序号,中间加"—";多次引用同一著者的同一文献时,在正文中标注首次引用的文献序号,并在序号的"[　]"外著录引文页码。文后参考文献表中各条文献按序号顺序排列,序号编码可加方括号,后可不空格或只空 1 字符。文后参考文献排序按照文中出现的顺序依次排列。参考文献著录的书写格式,统一要求采用 GB/T 7714—2015,格式如下:

1. 期刊　析出文献主要责任者.析出文献题名[文献类型标识/文献载体标识].连续出版物题名:其他题名信息,年,卷(期):页码[引用日期].即【作者.题名[J].刊名,年,卷号(期号):起止页】

作者不超过 3 个时,全部署名,人名间加",",最后用".";若超过 3 人,只列出前 3 名作者,后加",等"或",et al"。参考文献为增刊或附刊时,应在刊名后加注,如"河南中医(增刊)"。每条参考文献末加".",而国际标准不加"."。

2. 专著/著作　主要责任者.题名:其他题名信息[文献类型标识/文献载体标识].其他责任者.版本项.出版地:出版者,出版年:引文页码.即【专著编撰者.书名[M].版本.出版地:出版者,出版年:起止页】

第 1 版不需著录,其他版本需说明著录。版本用阿拉伯数字、序数缩写形式如"3 版""5th ed.""Rev. ed."。古籍的版本可著录"写本""抄本""刻本""活字本"等。

3. 专著中析出文献　析出文献主要责任者.析出文献题名[文献类型标识/文献载体标识].析出文献其他责任者∥专著主要责任者.专著题名:其他题名信息.版本项.出版地:出版者,出版年:析出文献的页码。即【著者.题名[A].见(In):专著编者.书名[M].版本项.出版地:出版者,出版年:起止页】。

4. 文献类型和标识代码　普通图书用"M"表示;会议录用"C"表示;汇编用"G"表示;报纸用"N"表示;期刊用"J"表示;学位论文用"D"表示;报告用"R"表示;标准用"S"表示;专利用"P"表示;数据库用"DB"表示;计算机程序用"CP"表示;电子公告用"EB"表示。

5. 电子文献和标志代码　磁带用"MT"表示;磁盘用"DK"表示;光盘用"CD"表示;联机网络用"OL"表示。

参考文献举例

1. 李虹莹,沈缘,吴巧凤,等.小胶质细胞极化信号通路在神经炎症中的研究进展[J].实用医学杂志,2022,38(14):1838-1841+1846.

2. 徐小珊,马伟,熊罗节,等.隔药饼灸对慢性疲劳综合征大鼠血乳酸及 AMPK/PGC-1α 信号通路的影响[J].针刺研究,2022,47(10):878-884.

3. 赵士博,张艺馨,卢丹妮,等.连翘和野菊花及其配伍对高脂血症小鼠血脂、血糖及肝肾功能的影响[J].中国老年学杂志,2023,43(01):97-101.

4. 宁家辉,董宁,王蕾.中枢性眩晕合并焦虑抑郁障碍研究进展[J].中国老年学杂志,2023,43(02):487-491.

5. 田立茹.眼针康复疗法干预中风病痉挛期白睛络脉变化规律及疗效机制研究[D].

沈阳:辽宁中医药大学,2022.

6. 贾蓝羽,杜元灏,李晶,等.电针"水沟"穴对脑缺血大鼠缺血脑组织血管新生相关因子表达的影响[J].针刺研究,2019,44(10):715-721.

7. 黄小平,王重阳,刘刚,等.针刺对脑缺血大鼠的脑保护机制研究[C].中国中西医结合学会神经外科专业委员会第六届学术大会暨广东省中西医结合学会神经外科专业委员会2019年学术年会及继续教育学习班论文汇编,2019,623-624.

8. 贾建平,陈生弟.神经病学[M].8版.北京:人民卫生出版社,2018:186-211.

9. 杨光,高嘉良,王阶.冠心病中医证候的蛋白质组学研究进展[J].中华中医药杂志,2022,37(11):6601-6606.

10. 柴瑞婷,贾育新,张明雨,等.参苓白术散对脾虚湿困型 UC 大鼠结肠组织 MKK/JNK 通路的影响[J].中国免疫学杂志,2022,38(23):2852-2857+2864.

11. 吴苡婷,孙国根.儿童1型糖尿病发病与肠道菌群紊乱密切相关[N].上海科技报,2022-11-09(007).

12. 王姿英,肖蓓.针刺麻醉成功用于脑肿瘤全切术.[OL]http://dfdaily.eastday.com/d/20111009/u1a927755.html

●（柴　智）

复习思考题

1. 简述中医论文摘要的主要内容及其在全文中的重要意义。
2. 简述撰写中医论文引言的写作要领和注意事项。
3. 简述中医论文讨论部分的写作要领和技巧。

ER-2-1

第二讲
选题与撰写
步骤 PPT

第二讲

选题与撰写步骤

学习目标

1. 掌握中医论文写作步骤。
2. 熟悉中医论文写作的选题原则与方法。
3. 了解中医论文写作选题的意义、收集资料的方法。

一、选题意义

撰写中医论文,首先要确定题目或标题,这个过程就叫选题。选题是建立在已有的科学研究基础之上,结合自身之学术成果或心得体会进行总结和阐发。标题非常关键,直接影响论文的质量与学术价值。标题用字措辞,应反复斟酌推敲,需能言简意赅地概括全文内容,体现文章精髓,让人过目难忘。

二、选题准备

1. 收集资料 撰写中医论文要依据平素收集或积累的各种资料,包括直接资料和间接资料。直接资料是作者通过实验、临床观察和调查直接获得的资料,即研究工作的原始与真实记录;间接资料即通过查阅古今中外文献收集的资料,是前人从事中医临床实践和实验研究的记录。

收集积累资料的方法主要有阅读中医古籍、专著与期刊,临床观察,试验研究/实验研究,改进生产工艺或操作方法,学术交流,教学研究,调查等。

（1）阅读中医古籍、专著与期刊:通过一般阅读和专题阅读中医古籍、专著与期刊论文,收集所需要的资料。

（2）临床观察:通过临床系统观察或病例讨论,获得第一手资料。

（3）试验研究/实验研究:通过进行科学试验或实验,获得第一手资料。

（4）改进生产工艺或操作方法:通过对以往或传统生产制作工艺及操作方法进行改进或革新,获得第一手资料。

（5）学术交流:通过参加学术交流活动,收集所需要的资料。

（6）教学研究:通过教学研究,收集所需要的资料。

（7）调查:通过亲自/直接调查、问卷调查、电话或 E-mail 调查,收集所需要的资料。

2. 整理资料 对收集或获得的资料,进行专门或专题梳理分析,并结合临床或生产实际需要进行系统的消化和吸收,从而总结、提炼或形成新观点、新见解、新理论。

三、选题原则与方法

中医论文选题应突出创新性、科学性、学术性、特色性、可行性、实用性、可重复性原则。

主要体现在以中医理论为指导,根据临床观察与实验结果,提出新的假说,或填补某一研究领域空白,发展完善丰富中医理论,解决当前迫切需要解决的疑难问题,预防或缓解各种诊疗方法和药物的不良反应。要因人、因时、因地制宜,结合实际,面向临床,服务患者,突出实用价值。

应在已有资料积累或已完成的科研成果(包括阶段性成果)基础上进行选题;或在容易忽略的地方进行选题,或在新的科研领域进行选题,或在具有地方特色的方向进行选题,或在交叉学科选题,或根据偶得的灵感进行选题。

四、写作步骤

撰写中医论文的步骤包括选题、整体构思、拟定提纲、撰写初稿、反复修改和最终定稿。

1. 认真选题　作者应在已有资料基础上并通过科技查新确定论文题目,要明确"写什么"。科技查新是为避免科研课题重复立项和客观正确地判别科研成果的新颖性、先进性而设立的一项工作。可根据所获资料与查新结果,反复调整方案,最终确定选题。

2. 整体构思　根据论文题目所要表达的中心思想,对论文结构进行总体设计。包括论文总体内容的构想、中心论点如何论证、从大量资料中选择论据、最终得出什么样的结论,以及结构布局、层次划分、试验/实验数据图表安排等,均应有一个比较完整和清晰的轮廓,这就是俗称的"打腹稿"。

整体构思过程中一定要明确"如何写"。要深思熟虑、反复推敲,围绕主题筛选材料,最后达到"胸有成竹"的境界。

3. 拟写提纲　论文整体构思形成后,应及时列出编写提纲。提纲是构筑论文的骨架,是整体构思与设计的具体表现,需要反复修改、补充和完善,以使论文布局合理、条理清楚、层次分明、重点突出。

提纲分为标题式和简介式两种,应根据论文内容和作者的习惯灵活选用。标题式提纲是用一系列名词或短语标出每一节或每一段的内容要点。简介式提纲是简要阐述论文每一节或每一段的内容要点。提纲内容层次最好不超过四级,各层次的小标题尽量字数相当、句型对称,以使论文首尾连贯。

4. 撰写初稿　根据写作提纲,以文字为主,兼以图表,将内容完整地表达出来,就形成了初稿。撰写初稿要先着眼大局,后顾细节,突出主题,层次分明,一气呵成,并处理好过渡与照应,使全文贯通,浑然一体。对提纲中不妥之处进行改动,但细枝末节或某些词句的通畅与否,不宜改动太多。内容宁多勿少,把有用的材料都写上,增加论文信息量,并在材料后面用括号标出具体出处,以备查阅原文,方便编列参考文献。

另外,还应熟悉与论文相关的国家及国际标准,掌握论文基本格式与撰写要求。文字表达要规范。

5. 修改定稿　论文初稿完成后,要反复修改。修改的过程实际上也是对所论述问题深入研究的过程,也是锻炼写作的过程。只有反复修改、认真推敲、千锤百炼,才能使论文日臻完善,论点明确,论据确凿,论证有力,语言流畅。修改内容包括审定主题、修改标题、核对提纲、完善结构、增减材料、审查结论、规范行文等。

论文初稿完成后,或经过多次修改仍不满意时,可将论文搁置一段时间再进行修改,这叫"适当闲置"。该法可以克服思维定势,从另外的角度去审视论文,或许能够发现存在的某些疏漏和不足。但搁置的时间不宜太长,以免遗忘太多,还需要花费太多的时间去重新熟悉全文内容。

定稿后的论文,参考所投期刊的格式略微调整,而后就可以通过该期刊网络投稿系统进行投稿,或通过电子信箱、邮局进行投稿。同时,定稿的论文无论是否公开发表,根据《中华人民共和国著作权法》"中国公民、法人或者非法人组织的作品,不论是否发表,依照本法享有著作权"的规定,作者即享有该论文的著作权。一旦被人剽窃,就可以用法律的武器来维护自己的合法权益。

6. 校对清样　投到杂志社的论文被录用后,编辑部会提出相应的修改意见要求作者进行修改,或直接将排好版的论文清样发给作者进行最后一次校对。其中,后者叫作校对清样。校对清样时一定要按照国家标准 GB/T 14706—1993《校对符号及其用法》进行校对,尤其是要准确地使用校对符号标注出需要修改、调整或纠错的内容,以便编辑、印刷厂校改。

●（石舒尹）

复习思考题

1. 简述中医论文选题的基本原则。
2. 简述撰写中医论文的主要步骤。
3. 根据个人兴趣及已有研究,自拟选题,并草拟论文提纲。

第三讲

理论研究论文

ER-3-1

第三讲
理论研究
论文 PPT

笔记栏

学习目标

1. 掌握理论研究论文的概念。
2. 熟悉理论研究论文的选题范围。
3. 了解理论研究论文的写作技巧及注意事项。

一、概述

理论研究论文又称理论探讨、理论著述或学术探讨，是对中医药学术内容进行深入的专题研究后所提出的新认识或新见解。理论研究论文是最常见的体裁，在中医学术论文中占有重要地位。通常是在大量阅读中医古籍、积累丰富临床经验，或在科学实验的基础上，对某一学术内容有了新的理性认识；或经过专题文献资料的整理，对某一理论有了较为系统的认识；或者借鉴新学科理论及新方法、新材料后，对传统理论有了新见解，需要进一步论述或阐明而采用的方法。

理论研究论文标题首尾常冠有"论""谈""探讨""试论""初探""浅探""探析""浅析""发微"等标志性动词，并在这些动词的前面或后面加上被研究的对象名称；语法上多采用主谓或动宾组成的偏正结构，定语多为限制性的，很少有状语，主要突出文章主题、论述范围与重点。文章大多属于议论文形式，强调论点明确，论据充分，论证合理。方法上多采用阐析、例证、推理、引经据典、比类取象、归纳演绎、反证、反驳等来表述。

二、选题范围

理论研究论文的取材范围广泛，主要有经义阐释、对中医理论或前人论述的系统化整理，阐发假说、他见和新论点，作者临床经验或学术研究理论的升华，探讨历代名医名著学术思想，多学科研究中医理论的某些命题。

理论研究论文标题举例

◆ 基于象隐喻的五行学说及其在中医理论体系中的建构作用【温世伟,贾春华. 基于象隐喻的五行学说及其在中医理论体系中的建构作用[J]. 中医杂志,2019,60(03):181-185.】

◆ 黄连-牛黄药对源流考证与配伍探析【徐甜,孙资金,厉赢,等. 黄连-牛黄药对源流考证与配伍探析[J]. 中草药,2022,53(20):6636-6644.】

◆ 构建中医浊邪理论体系框架的初步探讨【何伟. 构建中医浊邪理论体系框架的初步探讨[J]. 中医杂志,2015,56(21):1801-1803.】

◆《黄帝内经》的心力衰竭理论研究【解聪慧,乔文彪,胡勇,等.《黄帝内经》的心力衰竭理论研究[J]. 中华中医药杂志,2022,37(11):6429-6432.】

◆ 从伏邪论治 IgA 肾病的理论探讨【赵洁,史伟,樊均明,等. 从伏邪论治 IgA 肾病的理

论探讨[J].中华中医药杂志,2019,34(10):4709-4712.】

◆ 从肺论治血液病的理论浅析【沈凤麟,王金环.从肺论治血液病的理论浅析[J].中华中医药杂志,2019,34(09):4063-4065.】

◆ "肾应冬"理论气机规律研究【赵一博,魏凤琴."肾应冬"理论气机规律研究[J].北京中医药大学学报,2023,46(01):47-51.】

◆ "气"之内涵及其当代科学诠释探析【陈兆学,夏冰."气"之内涵及其当代科学诠释探析[J].中华中医药杂志,2022,37(10):5593-5595.】

◆ "香入脾"理论发微【刘珍珠,钱柯宏,刘修超,等."香入脾"理论发微[J].北京中医药大学学报,2022,45(11):1130-1134.】

◆ 癌毒病机辨治体系的构建【程海波,李柳,沈卫星,等.癌毒病机辨治体系的构建[J].南京中医药大学学报,2022,38(07):559-564.】

三、写作技巧及注意事项

1. 选题宜小　理论研究论文一定从自己最熟悉的研究领域或相关学科选题,并且要进行深入系统研究,才能全面把握论文所涉及的理论或观点,易出成果。因此选题宜小而不宜大,切实可行,主题突出;否则耗时费力,不易发表。

2. 论点明确　理论研究论文,必须论点明确,开门见山,直接点明论文主题,并应用充分的论据和严密的逻辑推理以论证论点的准确性。论证要有力,挖掘要深入,不要停留在人们共知的表层现象上。尤其是论据要准确无误,应用第一手资料;论证过程要严密。

3. 切忌空谈　理论研究论文,非一朝一夕能完成。只有在长期不懈努力,而且拥有充分的材料积累、丰富的临床经验或科学实验基础上,才能提出源于理论又高于理论的新观点、新假说。一定要避免主观臆断,闭门造车,妄发议论。

4. 标新立异　理论研究论文贵在标新立异,独树一帜,从选题到论证力求"新",要提出不同于传统理论的观点和假说等,才能体现理论研究的真正意义。

●（韩冰冰）

复习思考题

1. 什么是理论研究论文?

2. 理论研究论文的选题范围包括哪些?

3. 理论研究论文的写作技巧有哪些?

ER-4-1

第四讲
临床研究
论文 PPT

第四讲

临床研究论文

学习目标

1. 掌握临床研究论文的基本概念。
2. 熟悉临床研究论文的选题范围。
3. 了解临床研究论文的写作技巧及注意事项。

一、概述

临床研究论文是中医临床医师、医技与护理等人员深入系统研究并总结疾病诊治、护理或防治药物不良反应的新方法、新技术、新手段、新经验的学术论文,包括回顾性总结和前瞻性研究两大类。回顾性临床研究是对过去一个时期辨治疾病,或用某方、某法治疗某病的临床资料,按统一标准进行整理、归纳、分析,从中总结出经验及规律。其质量主要取决于病例的数量、资料的完整性和正确的统计方法,学术价值无法与前瞻性研究论文相比。临床研究也需要严格的科研设计,可以长时间积累资料,为将来进行前瞻性研究打下基础。前瞻性临床研究多为科研项目,目的明确,首先要进行科学设计,随机对照,统一标准,统一指标,统一方法,详细记录,资料完整,正确的数据统计处理,最后得出结论,整个过程严格按设计方案进行,客观科学地评价临床疗效,学术水平较高;但易受多方面因素制约,不具备相关条件难以开展研究。另外,对于没有前瞻性研究或没有严格对照的临床研究论文,称之为临床报道,其学术价值逊于前瞻性研究论文。

临床研究论文特点是临床资料详细、诊断和疗效评价标准统一、随机分组对照、治疗方法相对固定、进行统计学分析。其中临床资料包括收集病例的时间、地点、数量、年龄、性别、病程、病情、既往史、职业、生活习惯、生活环境、体质、发病季节、病因、诱因、并发症或合并症、临床症状与体征、实验室检查数据、分组方法、随机对照等;明确西医诊断标准、中医证型诊断标准、病例纳入和排除标准。所用中药方剂组成及剂量、加工炮制方法、煎法、给药途径(口服、肌内注射、静脉注射、灌肠、外敷等)、禁忌,针灸疗法的取穴、手法、治疗时间,按摩、拔罐的部位与方法;所用仪器、中成药各种剂型与对照药品生产厂家、型号规格或剂量、批号等均应详细介绍。

临床研究论文标题多冠有"临床研究""临床观察""临床疗效观察""临床分析""疗效观察""近期疗效"等特征性词语。

二、选题范围

临床研究选题范围广泛,主要包括古今方药、中成药、针灸推拿、精神/情志治疗、养生等疗效观察,病证与征象观察,护理效果观察,应用新技术、新方法及新设备效果观察等。

临床研究论文标题举例

◆ 基于络病理论观察丹参饮加味治疗慢性萎缩性胃炎胃络瘀阻证的临床疗效及机制【王德芳,赵明,董笑一,等.基于络病理论观察丹参饮加味治疗慢性萎缩性胃炎胃络瘀阻证的临床疗效及机制[J].中国实验方剂学杂志,2022,28(23):122-127.】

◆ 滋水清肝理冲饮治疗围绝经期综合征肝郁肾虚证的临床研究【霍超越,刘雁峰,林陶秀,等.滋水清肝理冲饮治疗围绝经期综合征肝郁肾虚证的临床研究[J].北京中医药大学学报,2022,45(10):1060-1065.】

◆ 中药抗癌 2 号方联合高强度聚焦超声治疗中晚期胰腺癌临床疗效观察【王宇立,方媛,徐静,等.中药抗癌 2 号方联合高强度聚焦超声治疗中晚期胰腺癌临床疗效观察[J].中华中医药杂志,2022,37(10):6163-6167.】

◆ 清咳平喘颗粒治疗社区获得性肺炎痰热壅肺证的临床疗效观察【狄浩然,傅梦清,辛大永.清咳平喘颗粒治疗社区获得性肺炎痰热壅肺证的临床疗效观察[J].中草药,2022,53(19):6117-6122.】

◆ 芪精方治疗痰湿内阻型肥胖男性不育症的临床疗效观察【赵赢,刘铁军,孙智,等.芪精方治疗痰湿内阻型肥胖男性不育症的临床疗效观察[J].中华中医药学刊,2022,40(08):154-158.】

◆ 基于中医寒疫理论的中药防治疫病用药规律与作用机制分析【李泽宇,郝二伟,曹瑞,等.基于中医寒疫理论的中药防治疫病用药规律与作用机制分析[J].中国中药杂志,2022,47(17):4765-4777.】

◆ 艾灸对脾肾两虚兼血瘀证低中危特发性膜性肾病肾功能及高凝状态的影响【毛竞宇,杨凤文,刘昊,等.艾灸对脾肾两虚兼血瘀证低中危特发性膜性肾病肾功能及高凝状态的影响[J].中国针灸,2021,41(11):1216-1220.】

◆ 薄氏腹针辅助治疗类风湿关节炎及对 ESR、RF 及 CRP 水平的影响【吕善广,刘昊,杜嘉,等.薄氏腹针辅助治疗类风湿关节炎及对 ESR、RF 及 CRP 水平的影响[J].中国针灸,2021,41(09):999-1002.】

◆ 利胆合剂联合常规疗法治疗婴儿胆汁淤积性肝病回顾性队列研究【丘燕燕,汤建桥,江治霞,等.利胆合剂联合常规疗法治疗婴儿胆汁淤积性肝病回顾性队列研究[J].中国中西医结合杂志,2021,41(05):554-559.】

◆ 黄葵胶囊对早期糖尿病肾脏疾病患者胰岛素抵抗和尿微量白蛋白的多靶点治疗作用【吴薇,刘莹露,万毅刚,等.黄葵胶囊对早期糖尿病肾脏疾病患者胰岛素抵抗和尿微量白蛋白的多靶点治疗作用[J].中国中药杂志,2020,45(23):5797-5803.】

三、写作技巧及注意事项

1. 突出实用 临床研究论文着重阐述常见病、多发病及重大疾病防治的新方法、新经验、新技术,适当兼顾其他疾病,要突出实用性,重在提高临床疗效。选题具体明确,并体现前瞻性、科学性、实用性。对于内容较多的研究项目可以分类或单独成篇,有利于及时发表。论文篇幅不宜过大,3 000~6 000 字较为合适,最多不超过 8 000 字,否则难以刊登。

2. 病例样本要大 临床研究病例样本越多,说服力越强,结论越可靠,论文质量就越高。一般常见病、多发病选择 100~300 例,少见病在 30 例以上,特殊情况下所需要的病例更多。病例选择标准要统一,应首选 WHO 标准,其次是国家标准,或行业标准,并注明标准出处。对自行制订的标准要客观、准确,并说明制订依据。由于病证诊断、分型及疗效评定,中西医各有标准,因此要恰当地选择相关标准。病例分组时根据随机原则,设立对照组,尽量采取双盲或单盲法进行观察,减少人为或主观因素干扰。对照组所用诊治方案应是目前行业内公认的最佳方案,设有对照组的病例数可由相关公式计算得出。

3. 详述研究方法　详细介绍资料与方法,涉及保密者除外,以便于读者重复、验证或进行效仿。还要说明是否获得有关伦理委员会的批准,是否取得受试对象的知情同意书。若刊用人像,应征得患者本人或监护人的书面同意,在不影响研究结果的前提下,尽量遮盖其能被辨认出系何人的部分。

4. 注重分析讨论　分析与讨论是临床研究论文最精华的部分,是对研究结果进行深入分析,探究其本质,并将实践上升为理论,以期指导临床。结论措辞要严谨、恰当。对未明之机制,可用"大概""或许"来修饰,切忌武断定论。也可将讨论写成体会,对不足之处提出进一步改善的设想与方法。临床研究论文的学术价值除科学的设计实施之外,更重要的是从研究或观察的结果中所得出的结论,这决定着论文的学术价值高低。高水平的学术论文,其分析与讨论的篇幅可占总篇幅的1/3,甚至更多。反之,分析与讨论越少,学术价值越低。

另外,在撰写分析讨论时首先要对该病证防治源流进行简要或概括地回顾与总结,注意不要与引言内容重复,以便读者了解研究现状,这是临床研究论文中最容易忽略的地方。还要认真总结失败教训,为今后找出解决问题的方法奠定基础,同时可使别人少走弯路。

5. 加盖单位公章　为了证明临床研究论文资料与方法、疗效的真实性、可靠性,在投稿的同时需要开具能证明作者身份、学历与学位、职称、论文真实性、是否基金资助项目的材料,并加盖所在单位公章的投稿介绍信,否则论文难以刊登。

ER-4-2

临床研究
论文举例

（金　钊）

复习思考题

1. 简述临床研究论文的类别。
2. 临床研究论文的选题范围包括哪些?
3. 根据个人兴趣及已有经验,自拟选题,草拟临床研究论文的写作思路。

ER-5-1

第五讲
实验研究
论文 PPT

◆◇◇ 第五讲 ◇◇◆

实验研究论文

学习目标

1. 掌握实验研究论文的概念。
2. 熟悉中医实验研究论文的选题范围。
3. 了解实验研究讨论部分的写作技巧。

一、概述

实验研究是一种受控制的研究方法,通过一个或多个变量的变化来评估实验对象对一个或多个变量产生的效应。实验主要目的是建立变量之间的因果关系,一般做法是研究者预先提出一种因果关系尝试性假设,然后通过实验操作来检验。中医实验研究是指在中医理论指导下,借鉴现代科学技术验证发展中医理论、揭示生命现象/问题的本质与规律、获得新知。其特点是研究目的明确、预先设计、标准统一、技术先进、方法可行,实验结果只要条件相同即可以重复。实验研究论文或完整表达全部实验结果,或表达可单独成篇的部分实验结果。

实验研究论文标题中包括研究的对象、主要观测项目、研究方法及重要结论等要素,并多有"实验研究""观察""初步探讨""影响""测定""作用""调节""表达""分析""提取""鉴别""鉴定"等特征性术语。

二、选题范围

中医实验研究选题范围广泛,主要包括中医基础理论研究、临床实验研究、方剂研究、中药研究、中西医结合研究、多学科研究等。中医基础研究多应用现代科学技术与方法,将宏观与微观相结合,从整体、器官水平、细胞水平、分子水平认识中医理论,开展客观化、科学化、规范化研究,例如中医证候客观化研究、中医脏腑生理病理研究、中医四诊方法客观化研究、经络实质研究、针刺机制研究、中医病证动物模型研究等。方药学研究主要包括:中药药性理论、毒理、药代动力学等;中药化学成分、生药炮制、产品质量、检验方法;药用动、植物的饲养、栽培;中药复方有效成分提取分离、复方配伍规律、制剂工艺改进与优化、新药研究、药物不良反应等方面。

实验研究论文标题举例

◆【于睿钦,张亚奇,张程斐,等.糖痹康对糖尿病模型大鼠坐骨神经氧化应激、线粒体能量代谢及 AMPK/SIRT3 通路的影响[J].中医杂志,2023,64(11):1140-1148.】

◆ 黄芪-败酱草药对对 HT-29 细胞炎症模型 JAK1/STAT6/SOCS1 信号通路的影响【孙大娟,魏秀楠,程艳,等.黄芪-败酱草药对对 HT-29 细胞炎症模型 JAK1/STAT6/SOCS1 信

号通路的影响［J］. 中医杂志,2023,64(03):295-302】

◆ 半夏泻心汤对糖尿病胃轻瘫模型小鼠胃排空、胃组织 AGEs 含量及 RAGE、nNOS 蛋白表达的影响【李霖芝,丁宁,岳仁宋. 半夏泻心汤对糖尿病胃轻瘫模型小鼠胃排空、胃组织 AGEs 含量及 RAGE、nNOS 蛋白表达的影响［J］. 中医杂志,2022,63(24):2375-2381.】

◆ 糖肾方调控 FXR/vimentin/α-SMA 通路减轻糖尿病肾脏疾病肾脏纤维化的研究【刘鹏,申正日,王晨,等. 糖肾方调控 FXR/vimentin/α-SMA 通路减轻糖尿病肾脏疾病肾脏纤维化的研究［J］. 北京中医药大学学报,2022,45(12):1196-1204.】

◆ 西红花酸调控 Nrf2/HO-1 通路抑制高糖诱导人肾小球系膜细胞铁死亡【陆江华,刘爱军. 西红花酸调控 Nrf2/HO-1 通路抑制高糖诱导人肾小球系膜细胞铁死亡［J］. 中药新药与临床药理,2023,34(01):8-15.】

◆ 基于 JAK2/STAT3 信号通路探讨温针灸改善膝关节骨关节炎兔软骨损伤的机制【张艳玲,刘君伟,李春,等. 基于 JAK2/STAT3 信号通路探讨温针灸改善膝关节骨关节炎兔软骨损伤的机制［J］. 针刺研究,2022,47(12):1088-1094.】

◆ 黄芩汤对溃疡性结肠炎模型小鼠 NLRP3/Caspase-1 通路的影响【刘梦茹,李慧,魏兰福,等. 黄芩汤对溃疡性结肠炎模型小鼠 NLRP3/Caspase-1 通路的影响［J］. 中国中药杂志,2023,48(01):226-233.】

◆ 基于 UHPLC-LTQ-Orbitrap MS 分析不同炮制工艺对地黄化学成分的影响【卢兴美,钟凌云,王硕,等. 基于 UHPLC-LTQ-Orbitrap MS 分析不同炮制工艺对地黄化学成分的影响［J］. 中国中药杂志,2023,48(02):399-414.】

◆ 基于 SCF/c-kit 信号通路探讨艾灸干预对腹泻型肠易激综合征大鼠免疫功能稳态的影响【李奎武,储浩然,阮静茹,等. 基于 SCF/c-kit 信号通路探讨艾灸干预对腹泻型肠易激综合征大鼠免疫功能稳态的影响［J］. 中国针灸,2023,43(02):177-185.】

◆ 经典名方易黄汤物质基准 HPLC 特征图谱的建立及量值传递研究【李华露,李秋桐,刘华兰,等. 经典名方易黄汤物质基准 HPLC 特征图谱的建立及量值传递研究［J］. 南京中医药大学学报,2022,38(07):621-630.】

三、写作技巧及注意事项

1. 勿与实验报告混淆　实验报告又称实验记录,它是未经整理的原始资料,可以没有创新成果和见解,可以模仿和重复前人必要的结果,可以不作判断和推理,不形成论点。实验研究论文则是对实验结果或原始资料进行整理加工并能反映新发现、新发明、新创造的学术文章。

2. 署名无争议　实验研究由于涉及实验材料、仪器设备、基础资料、技术手段与方法等方面,需多单位或多部门合作,其成果应当共享,著作权共有,应按贡献大小或按原始课题标书研究人员次序排名,或二者结合,由课题负责人或主要完成人员及单位共同商协排名,以免在研究项目取得发明权、专利权及获奖后产生争议。同时课题负责人可加标通讯作者。

3. 详述实验方法　实验材料与方法是实验研究的根本所在,在不涉及保密的前提下应详述其要。材料部分包括实验材料、药物与试剂、仪器等。其中,实验用中药饮片应注明正名、产地、制剂方法等,未被《中华人民共和国药典》收录者要附注拉丁文;自拟中药复方标出所用中药名称、剂量,制剂工艺,质量标准,使用方法;中成药用标准名,不能用商品名;新发现的化合物或单体采用国际纯粹与应用化学联合会(International Union of Pure and Applied Chemistry,IUPAC)命名原则给出一个完整的系统名,同时应再取一个恰当的中、英文俗名。实验方法包括实验模型的制作方法、分组方法、实验步骤及操作方法(针刺注明穴位与手法等)、观察指标、测定方式等。尤其是中医证型或病证结合动物模型应具体介绍,改良方法只介绍改进部分。另外还要说明对观察结果和数据产生影响的条件、因素等。

涉及保密的内容,需要经单位主管保密工作领导或上级有关部门批准,否则只能用框架图及工艺流程图表示。涉及保密处方,只列出主要药物名称。

4. 统计方法恰当　对实验数据进行统计学处理时,应选择合适恰当的统计学分析方法及名称(如成组设计资料的 t 检验、两因素析因设计资料的方差分析等)与统计软件。结果中,经统计学检验的数据,应同时注明假设检验的检验统计量值(t 、F 、χ^2 值等)和 P 值,以反映样本的合理性、组间的可比性、研究指标的精确性、实验的可重复性等。

5. 注重讨论　对实验结果进行深入的分析讨论,首先重新说明主要发现、新的重要结果和结论;简要回顾实验目的和主要结果,探究导致结果的可能机制;与当前的同类研究相比较,阐明该研究理论和实践意义。对结果的讨论中,需要解释异常或特殊现象、阴性结果及误差;阐明实验研究的局限性及这些局限对研究结果的影响。最后,对尚未解决的问题提出研究思路、方向或建议。实验研究论文的精华是分析与讨论部分,它决定着论文学术价值的高低。实验研究结论要实事求是,在文献检索查新或掌握充分资料的基础上,做出准确的结论,措辞要严谨,评价勿言过其实;慎用"首创""国内领先""国际先进水平"等。对未明之机制,可用"大概""或许"来修饰,切忌武断定论。

6. 标明基金资助　实验研究论文若是反映各种基金资助项目的全部研究成果或部分研究成果,都应注明课题的来源、课题编号及相关证明文件,以便有关信息部门对学术研究进行统计。

(王　斌)

复习思考题

1. 简述中医实验研究的概念及目标。
2. 根据个人兴趣及已有研究,自拟选题,草拟实验研究论文提纲。

第六讲

中医药英文论文

学习目标

1. 掌握中医英语论文各部分的撰写要点,中医英语论文图表的制作。
2. 熟悉中医药英文论文特点。
3. 了解中医药英文论文发表的相关期刊。

中医药英语论文是直接用英文表达中医药研究成果的学术论文,是中医学术和中国文化走向世界的重要载体。近年来,随着中医药发展的日益国际化,国内外的英文期刊如 *Chinese Journal of Integrative Medicine*、*Journal of Traditional Chinese Medicine*、*Journal of Ethnopharmacology*、*Phytomedicine*、*BMC Complementary Medicine and Therapies*、*Complementary Therapies in Medicine*、*American Journal of Chinese Medicine*、*Chinese Medicine*、*Acupuncture in Medicine* 等近 30 种"结合与补充医学"分类的 SCI 期刊均专门刊登中医药内容及相关的英语论文。掌握中医英语论文撰写技巧,准确地表达中医药研究成果,对中医国际化和中国文化的海外传播具有重要和现实的意义。本讲根据国际医学期刊编辑委员会《生物医学期刊投稿的统一要求》,参考 SCI 论文写作规范,并结合中医药论文特点,简要介绍其写作方法和相关技巧,同时强调严格根据每个期刊的稿约和要求来撰写学术论文。

一、标题（title）

标题对文章有画龙点睛的作用,并帮助读者进行文献追踪或检索,应准确、简洁、清楚。在当前科技论文数量急剧增长的年代,读者越来越依赖于英文文献数据库(如 Pubmed,Web of Science)来寻找相关文献。为了方便二次检索,标题中应避免使用化学式、上下角标、特殊符号(数字符号、希腊字母等)、公式、不常用的专业术语和非英语词汇(包括拉丁语)等。此外,书写中医药论文时,标题应展示中医药的内涵和特色。

◆ Promoting blood circulation for removing blood stasis therapy for acute intracerebral hemorrhage：a systematic review and meta-analysis【LI HQ,WEI JJ,XIA W,et al. Promoting blood circulation for removing blood stasis therapy for acute intracerebral hemorrhage：a systematic review and meta-analysis. Acta Pharmacologica Sinica,2015,36(6):659-675.】

论文的标题应以最少数量的单词来充分和准确地表述论文的主要内容,最好就是论文的核心结论。这样的标题吸引力强、清晰、让人一目了然。在投稿过程中,一个好的标题还可以给期刊的主编和审稿人留下正面的印象。同时国外科技期刊对标题字数通常都有限制,如美国国立癌症研究所杂志(*Journal of the National Cancer Institute*)要求不超过 14 个词;美国医学会规定标题不超过两行,每行不超过 42 个印刷符号和空格。因此在标题中尽量省略多余的词,如：analysis of,development of,evaluation of,experimental,investigation of（on）, observations on, on the, regarding, report of (on), research on, review of, studies of (on), the preparation of, the synthesis of, the nature of, treatment of, use of 等。

◆ History of post-stroke epilepsy in ancient China【WANG Y, FAN YC, XIE CL, et al. History of post-stroke epilepsy in ancient China[J]. Journal of Neurology, 2011, 258(8):1555-1558.】

标题多用名词性词组的形式。可设副标题(主-副标题相结合)进行说明,并用冒号(:)将主、副标题分开;若是系列论文,可用系列标题。

◆ Chinese herbal medicine for Alzheimer's disease: Clinical evidence and possible mechanism of neurogenesis【YANG WT, ZHENG XW, CHEN S, et al. Chinese herbal medicine for Alzheimer's disease: Clinical evidence and possible mechanism of neurogenesis[J]. Biochemical pharmacology, 2017, 141:143-155.】

英文的陈述句,由于其肯定的语气,在标题中并不罕见。

◆ Caveolin-1 regulates nitric oxide-mediated matrix metalloproteinases activity and blood-brain barrier permeability in focal cerebral ischemia and reperfusion injury【GU Y, ZHENG G, XU MJ, et al. Caveolin-1 regulates nitric oxide-mediated matrix metalloproteinases activity and blood-brain barrier permeability in focal cerebral ischemia and reperfusion injury[J]. Journal of neurochemistry, 2012, 120(1):147-156.】

少数情况下可以用疑问句作标题,疑问句的探讨性语气更容易引起读者兴趣。

◆ Should children who experience traumatic amputations be offered temporary ectopic implantation instead of a prosthesis?【ZHENG W, ZHENG GQ. Should children who experience traumatic amputations be offered temporary ectopic implantation instead of a prosthesis? [J]. MCN The American Journal of Maternal/Child Nursing, 2014, 39(1):6-7.】

标题字母书写主要有全大写、首字母大写、每个实词首字母大写三种形式,但专有名词首字母、首字母缩略词均应大写。其他应遵循相应期刊的习惯。

◆ A Survey of Application of Complementary and Alternative Medicine in Chinese Patients with Parkinson's Disease: A Pilot Study【PAN XW, ZHANG XG, CHEN XC, et al. A Survey of Application of Complementary and Alternative Medicine in Chinese Patients with Parkinson's Disease: A Pilot Study [J]. Chinese Journal of Integrative Medicine, 2020, 26:168-173.】

为方便读者,期刊的页面顶端常提供眉题(running title),要求表达准确、简明、清楚。其常由标题缩减而成,一般不超过 50 个字符,由作者在投稿时提供。标题为"Preclinical evidence and possible mechanisms of extracts or compounds from Cistanches for Alzheimer's Disease"的论文,眉题为"Cistanches and Alzheimer's disease"。

二、署名(authorship and contributorship)

科技论文的作者署名不仅是承认对论文研究成果有显著的智力或学术贡献、著作权归属等,署名者还要对其研究成果的诚信和准确性负责。论文作者署名要符合学术规范,体现科学精神,避免产生署名争议。

署名的基本原则。①责任:所有署名作者都要对论文负责。随意署名有风险,担任共同作者需谨慎。②资格:署名作者必须是对论文做出实质性贡献的人。③排序:研究的实施者和执笔者为第一作者;研究的设计者/指导者等,如科研团队/课题负责人或研究生导师为通讯作者(corresponding author);其他作者则按贡献大小排列名次。

根据国际医学期刊编辑委员会(ICMJE)的要求,实质性贡献指:①在研究设计、收集与分析数据方面做出了实质贡献;②草拟或修改任何重要研究知识内容;③最终版本的确定;④所有有关研究的准确性与完整性的问题,确保通过这些人能够恰如其分地进行调查并给予解决。一位作者必须对文章做出"实质性的智力贡献",创造性贡献比单纯的机械性工作更有资格获得作者身份。仅负责获取数据的技术员、仅负责筹资或管理的高级研究员、仅提供某种新试剂或样品的协作者,或者其他与研究有关但未参与创造性工作的人员,都不符合作者身份。

根据欧美国家的书写习惯,英文署名应名字(first name)在前,姓氏(family name/ last name)在后。需要注意的是,中国人名有单名和双名之分。发表以后的论文检索条目都是以名字的缩写(initials)再加上姓,比如"Yan Wang"会被缩写为"WANG Y",这样的缩写会产生很多重名,对于单名作者来说没有选择。而双名作者,建议分开双字,如"郑国庆"中的"国庆"本可以避免缩写成一个字母,可是一些中国作者不注意这一点,喜欢把双名写成一个单字,把"国庆"写成"Guoqing",这样简化后作者名便成为"ZHENG G"。避免这种情况最常用的形式是"Guo-Qing Zheng",缩写后便成为"ZHENG G Q"。这种双字音节的写法大大减少了检索出同名作者的概率。

作者单位的标注要求及方法:①给出准确、详细的通讯地址,邮政编码;②若超过一位作者,以相应上标符号或序号的形式列出与相应作者的关系;③如果论文出版时作者调到一个新单位,应以"Present address"在脚注中给出;④共同单位,需在论文中同时标注作者实际所在单位和受聘单位地址;⑤以上标的"﹡"、脚注形式,或在论文最后单独标注通讯作者姓名、职称、单位、通讯地址、电话、E-mail 等;⑥若有共同第一作者或共同通讯作者,可以符号形式标明,或者在作者贡献栏目中说明,尤其是有些期刊不允许有共同第一或共同通讯作者的,同时共同的人数亦不宜过多。

署名举例:

◆ Meta-Analysis of scalp acupuncture for acute hypertensive intracerebral hemorrhage.【ZHENG GQ,ZHAO ZM,WANG Y,et al. Meta-analysis of scalp acupuncture for acute hypertensive intracerebral hemorrhage. J Altern Complement Med. 2011,17(4):293-299】

Guo-qing Zheng,MD,PhD,[1,2] Zhi-Ming Zhao,PhD,[3] Yan Wang,MD,PhD,[2] Yong Gu,MD,PhD,[1] Yue Li,PhD,[1] Xing-miao Chen,PhD,[1] Shu-Ping Fu,MD,PhD,[1] and Jiangang Shen,MD,PhD[1]

1 School of Chinese Medicine,University of Hong Kong,Hong Kong,China.

2 Center of Neurology and Rehabilitation,the Second Affiliated Hospital of Wenzhou Medical College,Wenzhou,China.

3 Guangdong Provincial Institute of Traditional Chinese Medicine,Guangzhou,China.

Guo-qing Zheng,Zhi-Ming Zhao,and Yan Wang contributed equally to this work.

Address correspondence to:Jiangang Shen,MD,PhD. School of Chinese Medicine,University of Hong Kong,10 Sassoon Road,Hong Kong,China. E-mail:shenjg@ hkucc. hku. hk

三、摘要(abstract)

摘要主要讲述本论文的要点。一般于论文完成以后再写摘要,对全文充分了解,可以有的放矢。此外,摘要比论文全文的读者面大得多。很多时候只有摘要能够被检索到,而全文需要通过其他途径才能检索到,甚至需要付费,读者可根据摘要的内容决定是否需要下载或阅读全文。因此,摘要需具有自明性、独立性,且言简意赅。

英文摘要(abstract)多为一段式,在内容上大致遵循 IMRD(Introduction,Methods,Results and Discussion)结构的写作模式。

1. 字数 英文摘要一般以 150~250 个实词为宜,应简洁、准确。

2. 语态 摘要多使用主动语态。因为主动语态的表达更为准确,且更易阅读,"A exceeds B"读起来要好于"B is exceeded by A"。

3. 时态 摘要所采用的时态因情况而定,应力求自然、妥当。写作中可大致遵循以下原则:①介绍研究成果、研究结论,应使用一般现在时;②描述具体的研究过程和研究方法,叙述过去某一时刻、某一时段的发现、某一研究过程(实验、观察、调查等过程),以及描述作者既往的工作,多使用一般过去时;③引用过去的研究成果,但是对现在得出的结论有影响,一般采用现在完成时;④引用已经公认的事实,通常采用一般现在时;⑤描述研究结果对于未来的影响,多采用一般将来时。

4. 人称 摘要避免使用第一人称,以便于文献期刊的编辑刊用。现在,英文摘要倾向于采用更简洁的被动语态或原形动词开头,如:To describe... , To study... , To investigate... , To assess... , To determine... 等。

摘要的撰写技巧:应据期刊要求撰写;使用短句,用词简明;注意表述的逻辑性,层次明确,确保摘要的"独立性"或"自明性";尽量避免特殊符号;可适当强调研究中的创新、重要之处;核心为 IMRD,尽量涵盖论文的重要的论证和数据。

摘要可分为:①报道性摘要(informative abstract);②指示性摘要(indicative abstract);③报道-指示性摘要(informative-indicative abstract)。

四、关键词(keywords)

关键词在有的期刊里也称为索引词(index terms),是论文里出现多次且代表该文主题的词汇,意思不能太宽泛,比如学科名称显然不合适;也不能太狭窄,比如审稿人可能都没见过的词汇。

关键词可以从论文标题中抽取,也可以从摘要中抽取,一般要求 3~8 个。近年来,美国国家医学图书馆(The United States National Library of Medicine,NLM)下属的国家生物技术信息中心(National Center for Biotechnology Information,NCBI)的 Pubmed 开始将《中医杂志》《中国中西医结合杂志》《中国中医基础医学杂志》等期刊列入收录源,中医学的一些著名方剂如六味地黄丸、左金丸、补中益气汤等均可作为关键词查找。中医学专业术语也可以参考世界卫生组织(WHO)的中医名词术语规范。

同时,标题检索时自动作为关键词,因此标题中的词一般不作为关键词,用正文中的词汇可扩大检索范围。

五、引言(Introduction)

引言位于正文的起始部分,主要叙述本论文写作的目的或研究的宗旨,使读者了解和评估研究成果。主要包括四个要素:第一是研究领域,即背景介绍,为什么要做此项研究,正确估计研究的意义。第二是前人工作,详尽、全面地介绍以往相关工作。这一点需要引起特别的重视,应引用"最相关"的文献以指引读者,优先选择引用的文献包括相关研究中的经典、重要和最具说服力的文献,力戒刻意回避引用最重要的相关文献(甚至是对作者研究具有某种"启示"性意义的文献)。第三是问题所在,指出相关领域尚待研究的、本文要涉及的问题。忌过分批评他人的工作。第四是本文贡献,要将本文的要点简洁明了地用一两句话点出来,用词要注意分寸,不可夸大其词。

引言的篇幅大小,并无硬性的统一规定,需视整篇论文篇幅及内容的需要来确定,字数可适当控制在 500 个单词左右。撰写引言需注意时态运用:①叙述有关现象或普遍事实时,句子的主要动词多使用现在时,如"little is known about X"或"little literature is available on X"。②描述特定研究领域中最近的某种趋势,或者强调表示某些"最近"发生的事件对现在的影响时,常采用现在完成时,如"Few studies have been done on X"或"Little attention has been devoted to X"。③在阐述作者本人研究目的的句子中应有类似"This manuscript""In this study"等表述,以表示所涉及的内容是作者的工作,而不是指其他学者过去的研究。如"in this study, a new approach will be developed to process the data more efficiently"或者"this manuscript will present(presents)a new approach that process the data more efficiently"。

六、材料与方法(materials and methods)

介绍实验的材料与方法时,要注意重点突出,详略得当。具体要求如下:①准确描述所选择的实验对象。清楚地指出研究对象(样品或产品、动物、植物、患者)的数量、来源和准备方法。②详细描述实验方法和步骤。包括实验试剂的规格、批号、型号、制造厂家名称、厂址(城市名)等。③准确地记载所采用药物和化学试剂的名称、剂量、给药途径,中药应说明其基源、复方、质量控制等。④列举模型建立方法的参考文献,并做简要描述,或说明新的或实质性的改进和理由。

在临床研究的科技论文写作中,可通过确定 PICOS 明确临床问题的各个要素。P 是指 Participants/Patients(研究对象):明确描述病例来源及诊断、纳入排除标准,中医写作要注意病证结合,以及详细记载患者的一般资料(性别、年龄、病情、病型、例数、观察方法等)。I 是指 Intervention(干预措施):准确记载干预方法(药物剂量、剂型、用法、疗程等)。C 是指 Control/Comparison(对照或比较措施):准确记载对照组的情况,包括中医复方/针灸和安慰剂的使用。O 是指 Outcome(研究结局):疗效观测项目(主要和次要结局指标)、不良反应。S 是指 Study design(研究设计):明确描述研究设计的类型。

有些期刊对涉及人或者动物的实验可能有一些特定的要求,如 *Journal of Ethnopharmacology* 有"5S"原则,不接受仅为体外抗氧化活性研究的论文及不是对药物的传统用途的研究。因此需要认真阅读拟投稿期刊中关于实验的详细规定。在中医药的研究中尤其要重视中药的来源,复方的质量控制,中药或针灸的安慰剂或假针灸的设定方法,针灸取穴的依据等,注意国际禁止使用的濒危中药材是否采用人工种养殖并允许使用。涉及人及动物的伦理是否批准,临床是否有注册,患者是否有知情同意,数据共享是否符合要求等,均应明确。

要注意时态与语态的运用。

1. 时态的运用 若描述的内容为不受时间影响的事实,采用一般现在时。若描述的内容为特定、过去的行为或事件,则采用过去式。

2. 语态的运用 在描述实验中的各个步骤以及所采用的材料时,由于所涉及的行为与材料是讨论的焦点,而读者已知道进行这些行为和采用这些材料的人是作者,因而一般都习惯采用被动语态。如果涉及表达作者的观点或看法,则应采用主动语态。

七、结果(results)

"结果"是文章中最重要的部分,它是对"引言"部分所列出的研究目标的特定回答,应突出其创新性。

1. 对实验或观察结果的叙述应凝练、简洁,突出具有代表性和科学意义的数据,避免堆积或重复一般性数据。

2. 数据表达可采用图表与文字相结合的形式。如果数据较多,可采用图表形式来完整、详细表述,文字部分则用来指出图表中资料的重要特性或趋势。切忌在文字中简单地重复图表中的数据,而忽略叙述其趋势、意义及相关推论。

3. 对实验结果的叙述要客观真实,一般不应在结果中进行讨论、解释和说明。但部分期刊为帮助读者的理解,可适当评论研究结果,如对原始数据的说明和解释、与理论模型或他人结果的比较等。

4. 文字表达应准确、简洁、清楚。避免使用冗长的词汇或句子来介绍或解释图表。更不能把图表的序号作为段落的主题句,应在句子中指出图表所揭示的结论,并把图表的序号放入括号中。如"A was significantly higher than B at all time points hecked(Figure 1)""Nocillin inhibited the growth of N. gonorrhoeae(Table 1)"。

5. 表格和图形应具有"自明性"。图表中各项资料应清楚、完整,以便读者在不读正文情况下也能够理解图表所表达的内容;照片、图形必须具备高清晰度,显微照片的放大倍数应使用图示法(标尺刻度)表示,照片中的符号、字母、数字等,必须在图注中详细说明。如果使用人像,要使其不能为他人所辨认。

6. 表(Table)要做成三线表,表题要置于三线表之上。列举数据时应尽量确保同组数据纵向排列(由上向下阅读),以方便读者对比阅读;数据一般保留数字中小数点后面 2 位有效位数即可;数值的个位数和小数点应分别对齐;表注是解释说明表中获得数据的实验、统计方法、缩写或简写等。

7. 在图(Figure)的制作中,图要自明,图题要明晰(在图下面),且对能用文字表达清楚的就不用图;不要因追求美术效果而将图形做得过于花哨;坐标图的标值应尽量取 0.1~1 000 之间的数值;图注内容或坐标轴的说明应清楚,量和单位缺一不可。有些期刊对图的数量有限制,若超出一定的数量就可能收取费用;有些期刊黑白图不用收费,而彩色图需收取费用。作图有时需要专门的软件,或需专业人员或专业公司完成。

所有图的图说明(figure legends)另起一页,投稿时一般统一附在参考文献之后。

八、讨论(Discussions)

讨论部分是指结合文献对得到的研究结果进行总体或分条讨论。重点在于对研究结果的解释和推断,并说明作者的结果是否提出了新的问题或得到新的内容等;忌简单支持某种观点;撰写讨论尽量做到直接、明确,以便审稿人和读者了解论文为什么值得引起重视。

讨论部分可概括为五段式:第一段,回顾研究的主要目的或假设,并探讨所得到的结果是否符合原来的期望,如果没有的话,分析其原因。第二段,概述最重要的结果,并指出其是否验证先前的假设,如果不一致的话,说明原因。若仅与其他学者的结果一致,则创新性有限。第三段,对结果提出说明、解释或推断,根据这些结果,能得出何种结论或推论。第四段,指出研究的局限性及这些局限对研究结果的影响,并建议进一步的研究标题或方向。第五段,指出结果的理论意义,支持或反驳相关领域中现有的假说(有待验证),对现有理论的修正和实际应用。

具体的写作要求如下:

1. 观点的呈现　观点或结论的表述要清晰、明确。尽可能清楚地指出作者的观点或结论,并解释其支持还是反对早先的工作。在评价别人的研究时,要注意只评价结果而不评价作者。结束讨论时,避免使用诸如"Future studies are needed"之类苍白无力的句子。

2. 结论的表述　对于结果的科学意义和实际应用效果的表达要实事求是,适当留有余地。避免使用"for the first time"等类似的优先权声明。在讨论中应选择适当的英文词汇来区分推测与事实。对于自己很自信的观点,可用"We believe that"。如果观点不是这篇文章最新提出的,通常要用"We confirm that"。在更通常的情况下,由数据推断出一定的结论,用"Results indicate/ infer/ suggest/ imply that"。在极其特别的情况才可以用"We put forward(discover/ observe)""for the first time"来强调自己的创新。如果自己对所提出的观点不完全肯定,可用 "We tentatively put forward""The results may be due to/ caused by""Attributed to"等。

3. 时态的运用　关于时态,其注意事项如下:①回顾研究目的时,通常使用过去时。如:In this study,the effects of two different learning methods were investigated. ②如果作者认为所概述结果的有效性只是针对本次特定的研究,需用过去时;相反,如果具有普遍的意义,则用现在时。如:In the first series of trials,the experimental values were all lower than the theoretical predictions. The experimental and theoretical values for the yields agree well. ③阐述由结果得出的推论时,通常使用现在时。使用现在时的理由是,作者得出的是普遍有效的结论或推论(而不只是在讨论自己的研究结果),并且结果与结论或推论之间的逻辑关系为不受时间影响的事实。如:The data reported here suggest (These findings support the hypothesis,our data provide evidence) that the reaction rate may be determined by the amount of oxygen available.

九、结论（Conclusion）

结论部分主要简述该研究的主要认识或论点,包括最重要的结果、结果的重要内涵、对结果的认识等。需要总结性地阐述本研究结果可能的应用前景、研究的局限性及需要进一步深入的研究方向。在结论中,不应涉及前文不曾指出的新事实,也不能在结论中简单地重复摘要、引言、结果或讨论等章节中的句子。

十、利益冲突（Conflict of interest）

利益冲突声明,是一种"行规",表明发表文章、言论的客观立场。倘若无利益冲突,就写 "We declare that we have no conflict of interest"或"The authors do not have any possible conflicts of interest";倘若确实存在利益冲突,则写"We have the following conflicts:…"。

十一、作者贡献（authors contributions）

越来越多的期刊要求论文中标识出作者贡献(author contributions),以凸显和确认每个作者在研究工作中扮演的角色。作者贡献在不同的杂志有不同的表达形式,但主要都是从实验设计、实验实施、数据分析和论文写作等进行角色定位。

十二、致谢（Acknowledgement）

致谢通常作为论文的一个独立部分来书写,位于结论之后,参考文献之前。内容主要包括:①任何个人或机构在技术上的帮助;②感谢资助的基金帮助,注意书写的格式;③提供语言协助或润色的人员。致谢的内容应尽量具体,注意不要遗漏,同时须得到被致谢者的同意。

十三、特殊要求

许多期刊有特殊要求,在撰写时要依据稿约完成。如,有的期刊要求编制缩写目录(abbreviations),提供使用三次以上的术语缩写,相关术语在文章中第一次出现的地方要写全称,缩写词按首字母 A、B、C 排序。有些期刊要求编制目录(contents);有些期刊要求图形摘要(graphical abstract)等。

图形摘要是论文的重要组成部分,是将论文内容可视化,最直观地展现论文的主题,让读者更高效地了解文章的主要内容和主要创新点。研究内容越复杂,图形摘要就越重要。它能够使读者更容易理解复杂抽象的内容,从而具有更好的传播力。其构思绘制的重点主要有:①"不言自明"最重要。提供一个清晰、直接的图片展示诠释出复杂的研究工作。②内容少而精。提炼出研究论文中一个最重要、最精华的着重点进行展示。③确定视觉元素内容和展示方式。选择合适的视觉元素及文本元素,确定出最好的顺序排列。④展示关键性的文字。策略性地将可能的关键词插入图片中,激发读者兴趣。⑤根据期刊要求制图。阅读论文杂志的投稿指南,根据具体要求,使用 PS、AI 等工具绘制。⑥多借鉴优秀案例。借鉴高影响力的期刊论文的成功案例,补充自身遗漏的信息与细节。制作时需注意选材精当,可灵活运用如 PPT、PS 和 AI 等制作工具。制作之前必须提前了解不同杂志对图形摘要的要求。如 *Cell* 对图形的要求是正方形,分辨率是 300dpi,格式要求是 TIFF、JPEG 和 PDF。

十四、参考文献(Reference)

关于参考文献的内容和格式,各个出版集团或者每个期刊都有各自的参考文献体例,国内论文的参考文献体例可参考中华人民共和国标准《信息与文献 参考文献著录规则》(GB/T 7714—2015),如期刊论文的参考文献著录方法为"作者 . 文章标题[文献类型标识]. 刊名,年,卷(期):起止页码 . "。国内论文的参考文献格式有文献类型标识,如期刊[J]、学位论文[D]、联机网上数据库[DB/OL]、专著和论文集中的析出文献[A]、其他未说明的文献类型[Z]等,国际论文参考文献的格式与国内类似可稍有差异,但通常无文献类型标识。因此,建议作者在把握参考文献著录基本原则的前提下,参阅所投期刊的"投稿须知",或同一期刊论文参考文献的著录格式,使参考文献标引符合要求。可视情况借助 EndNote 等文献管理软件。

论文中科学问题的提出、研究方法、结果的分析等都以参考文献为依据,因此其总数可为论著 50 篇、综述 100 篇左右,并按一定比例分配,如以论著 50 篇参考文献为例,前言 15 篇、方法 5 篇、讨论 30 篇左右。注意以近 5 年及经典的高水平和高时效性论文为主。

此外,撰写参考文献时常见以下误区。

1. 知而不引 明明借鉴了同行的类似工作,却故意不引用同行的类似工作,使自己工作看上去"新颖""领先"。

2. 断章取义或者贬低 故意截取作者试图否定的部分来烘托自己的观点。

3. 引而不确 没有认真看原文,引文错漏。

4. 来源不实 某些字句来源不可靠(比如非正式的或非学术的出版物),且不注明来源。常见于一些统计数字。

5. 盲目自引 不是为了说明自己的工作与前期工作之间的关系,而是单纯为提高自己文章被引用次数而自引。

(郑国庆)

复习思考题

1. 英文论文一般包括几个部分?

2. 英文摘要的核心为 IMRD,每个字母分别代表什么?

3. 临床研究的科技论文写作中,PICOS 的每个字母分别代表临床问题哪些要素?

4. "结果"作为文章中最重要的部分,其中的表格和图形有什么要求?

5. 倘若无利益冲突,需要写利益冲突声明吗?

第七讲

医案医话论文

📝 学习目标

1. 掌握医案医话论文写作的基本技巧。
2. 熟悉医案医话论文写作的着力点。
3. 了解医案医话论文的选题范围。

一、概述

医案是中医临证中所诊治个案辨病/辨证思路、经验体会、用药特色的总结,浓缩并涵盖了中医基础理论、临床、本草、针灸推拿等学科内容,理法方药具备,临病措方,变化随心,能与人规矩,更能见巧之出于规矩。通常多是典型、独特或具有较高学术价值的个案。故明代李梴评价说:"医之有案,如弈者之谱。"清代周学海说:"宋后医书,唯案最好看,不似注释古书之多穿凿也。"民国章炳麟(号太炎)指出:"中医之成绩,医案最著。"陆渊雷谓:"宋后医书,多偏玄理,惟医案具事实精核可读。"

医话是医学杂文,是医家用笔录或口授等形式记录的研究心得、临证体会、传闻经验等,是一种涉及内容比较广泛的文体,包括说理、论病、议法、阐方等。医话因其形式活泼,特点鲜明,内容广泛,而深受医者的喜爱,医话每每都是有感而发,在叙述中又平添议论,能够开拓思路,启迪智慧。医家之医话,就像儒家之笔记,最能益入神明,搜罗丰富,谈理玄妙。医话可为表达医家一得之见的短文,或阐发《素》《灵》《难经》及仲景之蕴,或述前贤、时医之高见,或述自家治案之成败,或传古方、验方之功用,或记某药之奇能利弊。医话最多心得之语,论述精辟,文辞优美,形式活泼,脍炙人口。前贤称其通过"话其闻见、心得、阅历",起到"辅助医学、启瀹性灵"的作用。

医案与医话,往往是案中有话,话中有案,有时难以截然分开。但医案以案例为主,记录详尽,论则画龙点睛,寥寥数语而恰到好处。医话侧重于论述而略于案,夹叙夹议,案例简括,甚至是仅取其所需。

医案分为实录式医案、追忆式医案、病例式医案三种。医话包括心得类(一病、一法、一方、一药的新认识,或一时灵机取得疗效),札记类(临证随感笔录或课徒随笔),考证类(某一理论、某一问题、经典字句、医事医史小考),争鸣类(对尚未定论或有争议的问题发表看法)。

医案论文标题多有"医案""治验""验案""则""举隅"等。医话论文标题或新颖精辟,或简短含蓄,多有"小议""小识""释""随笔""札记""刍言""琐谈""琐记""偶记""说略""轶事""一得""偶得""之辨""拾遗""点滴""我见""巧治""心悟""新用""漫话""医话"等。

二、选题范围

医案医话选题范围广泛。医案主要选择新颖和具有学术价值的少见病、罕见病、急症、救误案,以及病情复杂、疗程曲折的疑难病,或辨证有新思路的验案,或新技术、新方法用于常见病的病例验案。医话选材涉及中医学的所有领域,说理、论病、阐方、述药、医著评价、医史考核、典故诠释、人物评说、教学与教育心法等。

此外,历代著名医家在繁忙的工作之余为我们留下了数以万计的医案,特色医案更是数不胜数,因此中医古籍中的医案也是最重要的选材内容。近年来,随着信息技术在中医领域的广泛应用,数据挖掘日渐成为古今医案研究的新手段、新技术。

医案医话论文标题举例

◆ 盖国忠察舌下辨治瘀滞验案两则【栗蕊,盖美辰,盖国忠. 盖国忠察舌下辨治瘀滞验案两则[J]. 中国中医基础医学杂志,2018,24(09):1328-1329.】

◆ 基于数据挖掘探讨孟河四大家脾胃病证治规律【覃彩云. 基于数据挖掘探讨孟河四大家脾胃病证治规律[D]. 广州:广州中医药大学,2021.】

◆ 曹颖甫运用经方治疗肺系疾病经验探析【金亚弦,李成文,徐江雁. 曹颖甫运用经方治疗肺系疾病经验探析[J]. 中国中医基础医学杂志,2020,26(09):1245-1246+1296.】

◆ 国医大师卢芳运用四藤二龙汤治疗骨关节炎经验【王欣波,霍佳敏,朴勇洙,等. 国医大师卢芳运用四藤二龙汤治疗骨关节炎经验[J]. 时珍国医国药,2022,33(10):2523-2524.】

◆ 国医大师张磊运用黄芩和黄连清热特点解析【侯改灵,黄岩杰. 国医大师张磊运用黄芩和黄连清热特点解析[J]. 中华中医药杂志,2022,37(10):5743-5746.】

◆ 国医大师唐祖宣辨"痛"治疗血栓闭塞性脉管炎经验【李桓,魏丹丹,唐静雯,等. 国医大师唐祖宣辨"痛"治疗血栓闭塞性脉管炎经验[J]. 时珍国医国药,2022,33(07):1750-1752.】

◆ 张伯礼"湿浊痰饮类病证治"学术思想撮要【李霄,金鑫瑶,吕玲,等. 张伯礼"湿浊痰饮类病证治"学术思想撮要[J]. 中医杂志,2022,63(17):1620-1624.】

◆ 六味地黄丸"三泻"药辨疑【张慧康,于淼,周计春. 六味地黄丸"三泻"药辨疑[J]. 中国中医基础医学杂志,2022,28(02):280-282.】

◆ 麻子仁丸诸疑考辨【陈超,刘更生. 麻子仁丸诸疑考辨[J]. 北京中医药大学学报,2022,45(03):259-262.】

◆ 跟随国医大师王琦院士侍诊心得【庞国明,王凯锋,张侗,等. 跟随国医大师王琦院士侍诊心得[J]. 世界中西医结合杂志,2022,17(04):711-713+742.】

三、写作技巧及注意事项

1. **选择奇特医案** 撰写医案论文要选择急症、少见或罕见病例、救误案、疑难病验案,或辨证有新思路的验案,或应用新技术、新方法、新药物获得满意疗效的常见病与多发病医案等。但必须有学术价值、实用价值,或对临床有启发的医案。

2. **医案资料完整** 医案论文要求详述患者姓氏、年龄、性别、职业、籍贯、住址、就诊时间、病史、病证名称、病因病机、诊断、立法、组方、用药、检验或检查方法和数据、治疗经过、治疗结果等。辨证或辨病思路清楚,病证、病机、诊断、立法与处方用药一致,救误医案应分析贻误原因及机制。解析历代著名医家医案,也要注意选取辨治过程曲折、内容完整、疗效满意、具有特色的医案;简要介绍名医生平、代表著作及主要学术思想,原医案照录,并标出具体出处。

3. 写好按语　按语是评析或解释医案的点睛之笔,以特色医案为基础,从理法方药等多方面条分缕析辨病与辨证思路、用药依据或灵感、救误体会,从个性及特异性中引出新知,推及一般,但不能等同于一般,且对一般有启发作用。但要防止以偏概全,言过其实。医案论文的学术价值,一是取决于是否为特色医案,二是能否解析出对临床有启发或指导意义的"理论",即将个案上升到理论。后者尤为重要,既要解析医案字面意思,又要提取出鲜为人知的深刻内涵,这就需要作者有较深的学术造诣。特别是解析历代著名医家医案,要反复阅读研究其学术著作,掌握学术思想,在了解学术渊源的基础上,认真揣摩医案,深入挖掘其防治病证经验与体会,为临床提供借鉴。解析老师或当代名老中医医案,要反复与其进行沟通或讨论,并请其参与其中,全程指导,严格把关,论文最好共同或联合署名。

按语是医案论文的核心,能充分体现其学术水平的高低,优秀的医案论文按语篇幅可高达医案的1~2倍。因此按语篇幅不能太少,否则直接影响其学术价值。另外,解析医案用药特色时不要照抄《中药学》或《方剂学》内容,随便简单地论述配伍规律;如是解析历代著名医家医案,要注意引用其著作中相关学术观点与原文,以增加其学术性与可靠性。

4. 医话勿拘形式　医话类似随笔杂谈,可任意选题,虽为一隅之得,但多是有感而发。标题或新颖精辟,或简短含蓄;论证时不拘形式,旁征博引,文辞犀利,语言精练,适当突出文学性;且篇幅宜短,通常不超过1 000字。

(李艳杰)

ER-7-2
医案医话
论文举例

复习思考题

1. 医案类论文与经验总结类论文较为相似,请就医案内容方面谈谈这两类论文的主要区别。

2. 医话类论文与学术争鸣类论文的主要区别有哪些?

ER-8-1

第八讲
病例讨论
论文 PPT

◆◆◆ 第八讲 ◆◆◆

病例讨论论文

一、概述

病例讨论是临床医师对疑难、少见或罕见、久治不愈或复杂病例,包括死亡病例等进行的集体会诊,主要讨论识病、辨证、立法、处方、用药等是否恰当,并汇总讨论意见,提出综合处理方案。其优点是各抒己见、百家争鸣,能够发挥集体智慧,或明确诊断,或提高临床疗效。中医病例讨论论文是参加会诊的医师或集体将会诊及治疗过程中最重要的内容整理成文,并说明按照会诊方案实施后的结果。死亡病例主要讨论死亡病因、诊断或治疗有无失误等。病例讨论论文是中医学术论文的一种特殊表现形式,常分为病历摘要、病例讨论、后记三部分。

病例讨论论文标题多有"病案""案""报告"等,并包含有疾病名称及难治、复杂、误治等信息,可直观反映病例讨论的实质。

二、选题范围

病例讨论论文选题范围广泛,涉及临床各科,但多从疑难、少见或罕见、久治不愈、病情危重,或并发症较多、误诊误治,或复杂病例经过集体讨论会诊并按照既定方案而获得满意效果的成功病例中选择,也有少量选择经验教训或死亡病例。

标题举例

◆ 重症病毒性肺炎【吴国伟,徐文君,郑卫华,等. 重症病毒性肺炎[J]. 浙江中医杂志,2021,56(03):168-169.】

◆ 气促心悸伴水肿 1 例临床病例讨论【杨翰林,鹿金,周小雄,等. 气促心悸伴水肿 1 例临床病例讨论[J]. 中西医结合心脑血管病杂志,2018,16(03):372-375.】

◆ 关节痛、晨僵病案【吴劼扬,吴国伟,徐文君,等. 关节痛、晨僵病案[J]. 浙江中医杂志,2019,54(01):3-5.】

◆ 胸痛、气急病案【吴劼扬,吴国伟,徐文君,等. 胸痛、气急病案[J]. 浙江中医杂志,2017,52(03):171-172.】

◆ 多发性肌炎【吴劼扬,吴国伟,徐文君,等. 多发性肌炎[J]. 浙江中医杂志,2017,52(01):5-6.】

◆ 心肾综合征【徐海姣,吴劼扬,吴国伟,等. 心肾综合征[J]. 浙江中医杂志,2017,52(02):114-115.】

◆ "渐进性右下肢萎缩无力"疑难病例讨论【张颜伟,赵见文,宋书昌,等. "渐进性右下肢萎缩无力"疑难病例讨论[J]. 世界最新医学信息文摘,2019,19(43):269-270.】

◆ 多中心多学科团队疑难病例讨论第 9 例:间断肢体乏力 3 年余【魏翠洁. 多中心多学科团队疑难病例讨论第 9 例:间断肢体乏力 3 年余[J]. 中国循证儿科杂志,2022,17(05):389-394.】

◆ 临床病例讨论第 496 例——反复晕厥 8 年【唐玮婷,游咏,李双杏,等. 临床病例讨论第 496 例——反复晕厥 8 年[J]. 中华内科杂志,2022,61(06):708-710.】

◆ 第 490 例——关节痛、停经、言语不利【刘菱珊,赵久良,何泳蓝,等. 第 490 例——关节痛、停经、言语不利[J]. 中华内科杂志,2021,60(12):1189-1192.】

三、写作技巧与注意事项

1. 选择病例　撰写病例讨论论文多选取特定的成功病例,以突出其学术价值与示范作用,给临床提供有益的借鉴。也可选择死亡病例,为临床提供诊治经验与教训。

2. 简述病历　病历摘要应包括患者年龄、性别、主诉、现病史、既往史、相关检查结果、诊治经过等。语言要精练,切忌照搬原始病历;重视病症的特殊/异常变化、实验室及影像学检查阳性/阴性结果、涉及西医的相关治疗方案;注意保护患者隐私。另外,死亡病例最好提供病理解剖结果,为死亡原因提供依据。

3. 介绍人员　简述参加会诊人员组成及结构,并说明是本科室内部会诊、本院多科室会诊、请外院专家会诊、请上级医院会诊等。一般先由管床医师进行病例报告,然后其他主治医师与上级医师进行讨论,最后由高级职称医师进行经验总结,需注明病例讨论时间。

4. 突出重点　病例讨论论文应选择对病例诊治具有重要价值和意义的诊疗思路、辨证要点、不同见解、治疗方案或方法进行详细描述,突出中医整体观念、辨证论治特色。还要注意所选会诊人员的代表性、专业、职称,其发言用医师×某说、进修医师×某说、硕士/博士研究生×某说、主治医师/讲师×某说、副主任医师/副教授×某说、主任医师/教授×某说。对于上级医院或兄弟医院、或本单位其他科室会诊人员还要标出其所在医院或科室。也有少数论文直接写会诊人员全名,但要征得其本人同意或授权。

5. 说明结果　在后记部分要说明根据会诊后所提出的实施方案,如何进一步完善检查,优化治疗方案,治疗过程概要,并报告最终治疗结果。

6. 论文署名　由于参加病例讨论的人员较多,实施方案是集体会诊后制订的,因此论文署名时注意排名顺序,一般以整理者或执笔者署名,也有以参加讨论者集体署名,或以参加讨论该病例的本科室及经治医师署名。"执笔者"或"整理者"可以是所讨论该病例的经治医师,或硕士/博士研究生,或上级医师,或科主任等。理论上讲只要是参加该病例讨论的人员均可以进行整理,但实际上多是由讨论该病例的本科室人员或研究生进行整理。若是参加会诊的上级医院或兄弟医院、或本单位其他科室人员,或进修医师想进行整理的话,一定要征得讨论该病例的科室负责人同意,并做好协调与善后工作,以免引起不必要的纠纷。

ER-8-2

病例讨论
论文举例

（李　杰）

复习思考题

1. 病例讨论论文与医案医话论文主要区别是什么？
2. 病例讨论的主要目的是什么？
3. 中医病例讨论的重点记录内容有哪些？

第九讲

医史文化论文

ER-9-1

第九讲
医史文化
论文 PPT

📐 学习目标

1. 掌握医史文化论文写作的逻辑思路、基本技巧。
2. 熟悉医史文化论文写作的着力点。
3. 了解相关文献阅读的查找范围。

一、概述

医学史的延伸,在于不断融入人类社会发展的成果,文化、经济、科学技术、对生命的认知等,都会影响医学的发展。从早期依赖占卜、巫术、朴素的草药认知、传统医学,到以神经、遗传、细胞、微生物、影像、免疫、生物工程为基础的现代医学,医学发展飞速,人类对疾病的认知也不断更新。但是,在医学的科学属性和还原属性之外,医学还具有强烈的人文和社会属性。同时,医学受经济文化发展水平的强烈影响,医学既有客观属性也有主观属性,医学技术发展还要顾及社会伦理。因此,对医学史的认知、对医学属性和使命的认知受到社会历史文化潜移默化的影响,医史文化研究恰恰在于通过对两者互动的挖掘来重新认识医学的发展。

中医兼具科学和文化复合属性,其发展涉及哲学、医学、史学、人类学、民族学、社会学等多个学科。医史文化论文是研究中医学在不同历史时期的发展史实,社会、政治、经济、军事、哲学、文化、艺术、科技、生态、地理、宗教等外界因子/因素是否或如何影响中医学发展的文章,对于深化研究中医学的内涵和外延具有重要的意义。医史文化类论文强调以史料史论为基础,通过鉴别、质疑、分析、评价、解释等历史探究,加强史观与史料的有机联系与内在统一,揭示论文主题。可分专题论文(基础性研究、应用性研究)、札记、考证、评论/评价、传记、随笔、笔记等。与医话类论文相比,医史文化类论文篇幅较长,史料丰富,论据充足,论证有力。

论文题目多有"研究""考证""影响""探究""动因""特色""商榷""滥觞"等。通过对古典医籍中蕴含的医史文化因素进行梳理、挖掘,加强对中国传统医家医史思想的研究,更好认识传统文化对中医的发展脉络和知识体系的影响。

二、选题范围

医史文化论文选题范围十分宽泛,如从中医学本身及社会、政治、经济、哲学、文化、艺术、科技、生态、地理、宗教、文字、民俗、传染病流行、医家生平等史料中进行选题,进行文献纂集、概述、史实考证、史观探讨、史论研究、史学分析、文化思考、医家钩沉、学术风尚、商榷/质疑等。

医史文化论文标题举例

◆ 宋代瘟疫背景下香药的发展史【郭莎莎,王振国.宋代瘟疫背景下香药的发展史[J].中华中医药杂志,2022,37(07):3692-3695.】

◆ 从"道术将为天下裂"谈仲景医学产生的时代背景及历史意义【熊滨雁,罗家乐,吴文军,等.从"道术将为天下裂"谈仲景医学产生的时代背景及历史意义[J].中华中医药杂志,2022,37(09):4952-4956.】

◆ 古代兵家学说对中医发展的影响【杨智斌,缪捷,郝征.古代兵家学说对中医发展的影响[J].中国中医基础医学杂志,2020,26(06):783-784+866.】

◆ 浅述中国传统"儒释道"文化思想对中医学发展的影响【尹晨东,仇湘中.浅述中国传统"儒释道"文化思想对中医学发展的影响[J].湖南中医杂志,2020,36(09):125-126.】

◆ 《丹溪医案》成书与流传考略【徐晓聪,郑洪.《丹溪医案》成书与流传考略[J].中医药文化,2021,16(01):90-96.】

◆ 历史上两次文化选择对中医发展的影响【赵荣波,李颖.历史上两次文化选择对中医发展的影响[J].山东中医药大学学报,2022,46(04):539-543.】

◆ 张景岳引王应震医诗考略【张晓钢,康玉春.张景岳引王应震医诗考略[J].中医药文化,2021,16(06):527-536.】

◆ 从出土经脉类文献看手三阳脉的循行与证候演变【胡小玉,任玉兰,徐钰棋,等.从出土经脉类文献看手三阳脉的循行与证候演变[J].中国中医基础医学杂志,2022,28(08):1268-1273.】

◆ 宋代中印文化交流的特点及其对中医药发展的影响【朱思行,杨丽娜,魏春宇,等.宋代中印文化交流的特点及其对中医药发展的影响[J].中医文献杂志,2022,40(02):89-93.】

◆ 敦煌佛道医方刍考【葛政,万芳.敦煌佛道医方刍考[J].中国中医基础医学杂志,2022,28(03):379-382.】

三、写作技巧及注意事项

1. 题目不宜过大　宜"小题大做",即选题要立足于微观,但要站在历史与文化的宏观高度综合审视,依据具体史实,探讨历史与文化等对中医学的影响,并体现其认识、借鉴、教育的功能以及文化价值。

2. 资料真实可靠　撰写医史文化论文要在充分/大量文献资料/史料积累的基础上,通过分析"史料",去伪存真,去粗取精,旁征博引,得出结论;而不能先有结论,再找材料去论证。撰写时根据主题需要,本着客观、真实、可靠的原则筛选材料,并且兼顾典型与多元,尤其注重其多元价值及文史资料之间的辩证关系,深入分析其内涵和外延。

3. 注重检索技巧　明确选题后在检索文献时要注重多角度分析,全面提取选题的关键词,了解相关领域最新进展和该领域专家,尽可能引用权威的可信度高的史料。

4. 论据充分针对性强　应用具体史料论证某个观点、某个史实、某种倾向时要注意其代表性、典型性与针对性,增强说服力。如对瘟疫流行的研究,不仅要研究疾病特点与防治技术史,还要研究社会历史变迁和自然生态的变化,以及政府的医学政策、群众的心理预期等。该方向属于中医学、传染病学、流行病学、预防医学和历史学、社会学的多学科交叉研究领域。这样的研究既出于对生命的关怀,又可以从医学的视角来认识和解读中国社会。

如研究儒家思想与中医学临证思维模式,可以运用儒家思想史料,包括秦汉时期中和思想的发展与渗透、汉代儒家继承天人合一的思想、仁爱文化的发展等。论证儒家思想对中医哲学基础、中医对疾病的认识、中医的辨证论治、医术医德、医患关系的交互研究,涉及中医临床思维、中医诊断学、中医养生学、医患关系等方面,属于多学科交叉研究领域,研究的角度多维立体,引用史料丰富,且针对性很强。

5. 评价客观　在评价历史人物、历史作用、文化现象时,要以科学的态度,实事求是,尊重历史,客观评价,不任意拔高,违背史实,歪曲史实,杜撰史料,防止简单化、武断化的倾向。医史文化论文的结论要明晰,通过对史料进行多层次、多角度、全方位的分析与论证,最后得出结论,使读者了解研究的目的与意义。如《宋代瘟疫背景下香药的发展史》《宋明理学对中医养生学的影响探析》等。

6. 科技论文与学术道德　引用史料时应遵守学术道德规范,不篡改他人研究成果,不抄袭滥用学术资源,用独立创新的思维分析史料。

7. 著作权与许可　若论文中使用了第三方材料,注意需要向相关的原作者申请版权许可或著作权许可,并且确保用文字注明版权所有人。

●（马利军）

复习思考题

1. 医史文化论文写作技巧及注意事项是什么?
2. 试述医史文化论文的选题范围。

ER-9-2

医史文化
论文举例

ER-10-1

第十讲
学术争鸣
论文 PPT

◇◇◇ **第十讲** ◇◇◇

学术争鸣论文

学习目标

1. 掌握学术争鸣论文的概念、选题范围及注意事项。
2. 熟悉学术争鸣论文标题举例。
3. 了解学术争鸣论文的写作技巧。

一、概述

学术争鸣主要是批驳谬误、阐述新说，或对特定的内容进行专门讨论或辩论，以促进中医学术发展和进步。撰写学术争鸣论文多是在掌握较丰富资料，或积累一定实践经验，或在借鉴新学科理论、新发现、新方法、新材料的基础上后，对中医学的某一观点、某一学说、某一理论或某一方法有了新的不同见解，需要进一步阐发或纠正其错误时所采用的体裁。根据反驳他人观点及论据的不同分为两种形式：一为立论性论文，以确立自己的观点为主而反驳他人观点；二是驳论性论文，以驳斥对方观点为主确立自己的观点。但都需要充分阐述不同于对方的新见解。学术争鸣论文有助于纠正谬误，揭示真理，深化认识，活跃学术气氛，丰富完善中医理论。

学术争鸣论文多偏于基础理论研究，但与理论研究论文不同的是，在批驳他人观点和主张的同时，当阐述自己的见解与主张，有明确的辩驳对象。论文标题首尾多有"评""驳""考辨""刍议""商榷""质疑""析义""也谈""再谈""考证""考释""诠释""疏证""校勘""钩玄"等批评争论性词语；或设副标题，与标题相辅相成，互为羽翼。

二、选题范围

学术争鸣选题范围比较广泛，主要有对已有中医理论、观点或主张的商榷与答复，对古籍、医史资料真伪的考辨与质疑，对中医药研究方法与手段改进的建议，对高等中医院校教材内容的商榷等。

学术争鸣论文标题举例

◆ 敦煌脉书《玄感脉经》"精识之主"考辨【刘冉，李铁华. 敦煌脉书《玄感脉经》"精识之主"考辨[J]. 中国中医基础医学杂志，2022，28(07)：1029-1031.】

◆ "鼠瘘"考释【刘鑫，李纬儒，庄礼兴. "鼠瘘"考释[J]. 中国针灸，2021，41(11)：1281-1282.】

◆ 唐以前中医学"中气"概念考辨【彭鑫. 唐以前中医学"中气"概念考辨[J]. 中国中医基础医学杂志，2022，28(08)：1222-1225.】

◆ "肾为先天之本"的理论质疑和创新发展【黄建波. "肾为先天之本"的理论质疑和创

新发展[J].中华中医药杂志,2021,36(08):4447-4450.】

◆ 论中医象思维与逻辑思维的关系——兼与"象思维的思维特点探析"一文商榷【邢玉瑞.论中医象思维与逻辑思维的关系——兼与"象思维的思维特点探析"一文商榷[J].中国中医基础医学杂志,2020,26(11):1585-1586.】

◆ 关于针灸歌赋的思考——并答小议《针灸治疗学》收录针灸歌赋之商榷【衣华强,高树中.关于针灸歌赋的思考——并答小议《针灸治疗学》收录针灸歌赋之商榷[J].中国针灸,2019,39(11):1191-1192.】

◆ 对"丹参"增加急性心力衰竭患者出血风险研究的商榷【李圣耀,刘宇灵,马晓昌.对"丹参"增加急性心力衰竭患者出血风险研究的商榷[J].中国中西医结合杂志,2019,39(10):1245-1246.】

◆ 中医人类学学科元研究再思考——续王续琨教授文并大家商榷【严暄暄,何清湖.中医人类学学科元研究再思考——续王续琨教授文并大家商榷[J].广西民族大学学报(哲学社会科学版),2019,41(04):9-16.】

◆ 中医原创思维研究之争鸣【邢玉瑞.中医原创思维研究之争鸣[J].中医杂志,2016,57(16):1430-1432.】

◆《黄帝内经》"肝左肺右"说的学术争鸣与启示【邢玉瑞.《黄帝内经》"肝左肺右"说的学术争鸣与启示[J].中医杂志,2020,61(09):753-756.】

◆ 对三焦理论争鸣的透视与分析【乔强.对三焦理论争鸣的透视与分析[D].哈尔滨:黑龙江中医药大学,2019.】

◆ 再谈《中医诊断学》九版教材存在的问题——兼答吴长汶等的《商榷》【庄泽澄.再谈《中医诊断学》九版教材存在的问题——兼答吴长汶等的《商榷》[J].山东中医药大学学报,2018,42(05):438-445.】

◆ 石膏性寒辨析——与王琳、李成文等商榷【金华彬,郭彬,秦燕勤,等.石膏性寒辨析——与王琳、李成文等商榷[J].光明中医,2016,31(06):889-890.】

三、写作技巧及注意事项

撰写学术争鸣论文不但要有较高的理论造诣和实践经验,而且还要坚持实事求是的原则,用充足、充分的论据进行针对性辩论,以理服人。而不能不加分析地全盘否定,甚至脱离事实主观臆断,尤其是不能进行人身攻击。

1. 注重实用 选题要注重实用性,突出现实意义,通过辨明是非,丰富学说,完善理论,达到服务于临床的目的。一定要避免空谈。以基础理论研究为主者多从理论上批驳某一学术问题的错误观点,或对经典理论及某家学说有疑义者提出质疑;临床工作者可在丰富的实践经验基础上,探讨对某些现行治法及传统用药的不同看法。

2. 抒发新见 标题要准确地反映争鸣的焦点,内容一定要突出"新"意,即不同于前人或对方的新观点或新见解。要强调"破",就是对前人或对方的学术观点或主张进行批驳;用充分的论据阐述自己见解的正确性,谓之"立"。论文篇幅根据内容而定,没有明确的限制。

3. 数说并存 学术争鸣会有多种观点并存,有的一时也难辨真伪,要等待新证据的发现,或需要进一步深入研究,在短期内难以达到统一是正常的,有的也许几百年以后才能证实。如《黄帝内经》就是一部具有争论特色的学术专著,因其历史久远,又出自众人之手,故后世对其中理论的争鸣,均不是在短期内达到统一的,即使是对同一问题的不同探讨,也常常散见于多个时代、多个作者的多个篇章之中。因此争鸣者要充分认识到这一点,采取兼收

ER-10-2

学术争鸣
论文举例

并蓄,数说并存,疑义共析的态度。争鸣的最终结果是完善中医理论,提高临床疗效,促进中医学发展。

4. 与理论研究形同实异 理论研究以阐述自己的观点与主张为核心,学术争鸣以反驳他人观点与主张为主,同时要树立或确立自己的观点与看法。两者异中有同,同中有异,有时候很难截然分开。

5. 同投一刊 学术争鸣论文如是对某一期刊发表的某一观点进行反驳,撰写时首先要提供欲反驳的观点出处,以便于读者了解原著者的观点与主张。并且投稿时要首选同一期刊,以便原观点提出者对该问题再进行反驳与商榷,且易于发表。

（熊　俊）

复习思考题

1. 什么是学术争鸣？学术争鸣论文的特点是什么？
2. 学术争鸣论文有哪几种形式？
3. 学术争鸣论文的选题范围有哪些？
4. 简述学术争鸣论文写作技巧及注意事项。

第十一讲

经验总结论文

> 📑 **学习目标**
>
> 1. 掌握经验总结论文的写作技巧。
> 2. 熟悉经验总结论文的选题范围及注意事项。
> 3. 了解经验总结类论文的概念。

一、概述

经验总结是中医药工作者或名老中医临证经验、体会的总结与概括,是中医论文最常见的体裁之一,多为回顾性总结。通过对积累的具体化个体治疗经验的整理,将揣摩的实践经验或体会上升至理论,再反过来指导临床实践。这是中医学发展传承的重要方法之一,对继承和发扬中医学具有重要的意义。

经验总结论文强调理论与实践的密切结合,它既不同于临床研究或临床报道对大样本病例的分析,又不同于单一病例或个案报道/报告的医案医话,而是侧重于通过反复实践所得到的规律性的新认识;虽然也介绍典型病例或医案,但只是为了说明医家独特诊疗经验与学术思想。与理论研究论文相比,经验总结论文更注重具体病证防治规律的总结与利用,而不是理论上的重大突破。

经验总结论文题目多有"经验""体会""心得""琐谈""浅谈""点滴""撷要""撷萃""撷英""辑要""举隅""集萃"等标志性词语。

二、选题范围

经验总结论文选题范围十分广泛,包括中医诊疗的全过程。从一病一证的诊断治疗,到一法、一方、一药的临床应用,成功经验,失败教训,跟师学习或侍诊听讲后的体会,地域性名医经验等,均可撷取。主要分为诊法、病证治疗经验、治则治法应用体会、方药临床应用经验、误诊误治教训等。另外,从中医古籍中挖掘整理历代著名医家的诊疗思路与临证经验也是最重要的选材内容之一。

经验总结论文标题举例

◆ 国医大师刘柏龄治疗类风湿性关节炎经验【李海,刘玉欢,赵文海.国医大师刘柏龄治疗类风湿性关节炎经验[J].中华中医药杂志,2021,36(07):4002-4004.】

◆ 朱良春辨治恶性淋巴瘤学术经验管窥【何峰,舒鹏,朱婉华.朱良春辨治恶性淋巴瘤学术经验管窥[J].中医杂志,2018,59(20):1726-1729.】

◆ 国医大师朱南孙治疗多囊卵巢综合征常用对药及角药撷萃【孙戈,董莉.国医大师朱南孙治疗多囊卵巢综合征常用对药及角药撷萃[J].中华中医药杂志,2023,38(01):

178-181.】

◆ 基于隐结构模型的名老中医辨治京津冀地区慢性支气管炎用药规律研究【陈丽平，李建生，蔡永敏，等.基于隐结构模型的名老中医辨治京津冀地区慢性支气管炎用药规律研究[J].北京中医药大学学报,2018,41(08):681-688.】

◆ 基于国医大师气血同治医案的证治规律挖掘研究【吴朦,郑昭瀛,唐仕欢.基于国医大师气血同治医案的证治规律挖掘研究[J].中国实验方剂学杂志,2022,28(05):187-196.】

◆ 高瞻辨治前列腺癌根治术后尿失禁经验探析【张泽家,高瞻,陈豪特,等.高瞻辨治前列腺癌根治术后尿失禁经验探析[J].中国中医基础医学杂志,2022,28(10):1701-1703+1714.】

◆ 刘雁峰从"三元不足"论治复发性流产经验撷菁【奚婷,刘雁峰,史亚婷.刘雁峰从"三元不足"论治复发性流产经验撷菁[J].中国中医基础医学杂志,2022,28(04):638-641+645.】

◆ 周仲瑛运用膏方治疗哮喘缓解期经验【邵臧杰,王盼盼,李红,等.周仲瑛运用膏方治疗哮喘缓解期经验[J].中国中医基础医学杂志,2021,27(07):1183-1185+1198.】

◆《孙文垣医案》治疗咳嗽经验抉微【许霞,孙广瀚,孙朗,等.《孙文垣医案》治疗咳嗽经验抉微[J].中国中医基础医学杂志,2021,27(01):32-33+60.】

◆ 叶天士《临证指南医案》治疗喘证经验撷萃【高兵,程悦,黄辉,等.叶天士《临证指南医案》治疗喘证经验撷萃[J].中国中医基础医学杂志,2019,25(10):1356-1357.】

◆ 章次公运用杏仁泥治疗消化性溃疡经验撷英【黄圣,刘果.章次公运用杏仁泥治疗消化性溃疡经验撷英[J].中医杂志,2022,63(06):592-594.】

◆ 李士懋运用新加升降散治疗火郁型心悸经验【马凯,王四平,孙敬宣,等.李士懋运用新加升降散治疗火郁型心悸经验[J].中医杂志,2021,62(12):1020-1023.】

三、写作技巧及注意事项

经验总结论文重点总结具有特色的防治经验与体会,不求全面,长短均可,形式不一,可叙可议,或夹叙夹议。

1. 突出特色 撰写历代著名医家、当代名老中医及作者个人长期积累的防治经验与体会,要抓住其特长,将与众不同的独到之处讲深讲透。

总结历代著名医家临证经验与用药特色要反复阅读研究其学术著作,在全面掌握其学术思想、了解学术渊源、认真揣摩其医案的基础上,总结对当今临床具有重要指导意义的防治经验与体会,为临床提供借鉴。

总结老师或当代名老中医经验与用药特色时,要反复与其进行沟通或讨论,并请其参与其中,全程指导,严格把关,论文最好共同或联合署名。

2. 理论实践并重 经验总结不同于理论研究、临床研究或临床报道,其既有理论阐述,又有实践经验与典型病例,理论与实践结合并以理论为主,重在指导临床实践。要将模糊的临床"经验"上升到清晰且容易掌握的"理论",便于应用。文中所引用的医案是为"理论"提供依据的,而非提供个案借鉴,这是与医案医话论文最大的不同之处。

3. 重视失败教训 失败是成功之母,总结分析误诊、误治病例的经验与教训,避免重蹈覆辙,少走弯路。

4. 勿与案同 目前总结名老中医经验的论文多采用首言生平简介、学术成就与兼职,然后选择典型医案后加按语的形式来表达,这不是严格意义上的临证经验总结,是实质上的个案,即医案医话的变种。

5. **不写结语**　经验总结论文一般不写结语,若必须写时文字宜简洁恰当,画龙点睛。评价应注意措辞,不宜用"效不旋踵""屡试不爽""百发百中"等。

（杨卫东）

ER-11-2

经验总结
论文举例

复习思考题

1. 简述经验总结论文的概念。
2. 简述经验总结论文的选题范围。
3. 简述经验总结论文的写作技巧及注意事项。

第十二讲

护 理 论 文

学习目标

1. 掌握中医护理论文的写作基本原则。
2. 熟悉护理论文、中医护理论文的概念。
3. 了解中医护理论文的选题范围、写作技巧和注意事项,以及护理论文的分类。

一、概述

护理论文是阐述护理理论、预防保健、康复护理、临床护理、护理教育及护理管理新理论、新方法、新技术的文章。中医护理论文是以中医理论为指导,研究中医护理理论、护理技能与方法、护理实验、护理教育、护理管理的论文。按研究设计类型可分为干预性研究和观察性研究论文。其中,干预性研究论文可分为随机对照试验及非随机对照试验论文。观察性研究论文又可分为分析性研究论文和描述性研究论文。前者包括病例对照研究及队列研究性论文,后者包括横断面研究、纵向研究及病例报告等。按研究内容可分为基础护理、专科护理、中医护理、心理护理、药械监护、个案护理、护理管理、护理教育、社区护理及保健康复护理等。按体裁分为科学研究、经验总结、个案讨论和综述等。按照论文的写作目的可分为学术论文和学位论文。

中医护理论文标题中通常有"中医护理""辨证施护""中医调护"等标志。

二、选题范围

中医护理论文选题范围广泛,包括中医护理理论、护理技术与方法、辨证施护经验、中西医结合护理、中医护理实验、中医护理管理、中医护理教育、其他护理(包括情志、饮食、服药、锻炼等)。

护理论文标题举例

◆ 中药湿热敷技术在中风患者肢体功能康复中的应用研究现状与思考【王晓红,闫蓓,樊艳美,等.中药湿热敷技术在中风患者肢体功能康复中的应用研究现状与思考[J].中国护理管理,2022,22(03):343-346.】

◆ 中医辨证施护对幽门螺杆菌感染消化性溃疡患者的干预效果分析【李贤莉,易平,严群,等.中医辨证施护对幽门螺杆菌感染消化性溃疡患者的干预效果分析[J].时珍国医国药,2022,33(09):2192-2194.】

◆ 中西医结合延续性护理平台的构建及在 2 型糖尿病患者中的应用【徐丽丽,陈莉,刘芳莉,等.中西医结合延续性护理平台的构建及在 2 型糖尿病患者中的应用[J].中华护理杂志,2022,57(17):2053-2059.】

笔记栏

◆ 穴位贴敷联合耳穴埋籽在经内镜逆行性胰胆管造影术后患者中的应用【黄小燕，蔡岚，屈花珍，等.穴位贴敷联合耳穴埋籽在经内镜逆行性胰胆管造影术后患者中的应用[J].中华护理杂志，2022，57(05)：588-593.】

◆ 耳穴压豆联合八段锦在2型糖尿病病人中的应用效果【廖秋萍，陈志方，饶娟，等.耳穴压豆联合八段锦在2型糖尿病病人中的应用效果[J].护理研究，2022，36(03)：525-527.】

◆ 中医护理门诊护理质量评价指标体系的构建研究【陈绪娜，马茜，俞红.中医护理门诊护理质量评价指标体系的构建研究[J].中国实用护理杂志，2022，38(17)：1312-1318.】

◆ 模块化教学在中医院新入职护士辨证施护能力培训中的应用【王敏，陈桂兰，瞿艳，等.模块化教学在中医院新入职护士辨证施护能力培训中的应用[J].中华护理教育，2022，19(01)：59-63.】

◆ 芳香疗法联合情绪释放技术对失眠乳腺癌患者影响的研究【陈英，陈晓洁，王舒洁，等.芳香疗法联合情绪释放技术对失眠乳腺癌患者影响的研究[J].中华护理杂志，2022，57(06)：651-658.】

◆ 八段锦联合吸气肌力量训练对老年尘肺病人运动耐力和呼吸功能的影响【王晶娟.八段锦联合吸气肌力量训练对老年尘肺病人运动耐力和呼吸功能的影响[J].护理研究，2022，36(03)：562-564.】

◆ 五行音乐对抑郁症患者睡眠质量和认知功能影响的临床研究【刘利丹，杨肇熙，万爱兰，等.五行音乐对抑郁症患者睡眠质量和认知功能影响的临床研究.中华中医药杂志，2022，37(02)：1201-1204.】

三、写作基本原则

在撰写中医护理学术论文时需要秉承严谨、认真的态度，以及实事求是的作风进行撰写。此外，应该要遵循创新性、科学性、实用性、规范性及可读性的五大原则。

1. 创新性　创新性是科研的灵魂，在进行中医护理论文写作前，应先凝练研究的创新点，在写作时注意突出研究的创新性，但绝不能为了论文的创新性而违背科学及事实。

2. 科学性　科学性是论文的根基。中医护理论文的科学性需要从四个方面进行把关。其一，真实性。在写作时尊重客观事实，如论文中撰写的研究对象与方法，或资料与方法部分，需要与所开展的研究保持一致，研究结果忠于原始资料，论点论据有据可循。其二，准确性。确保所撰写的所有部分，包括选题、内容、数据、引文、论点、结论等的准确性。其三，逻辑性。论文中所呈现的内容，如分析、综合、概括和推理等过程需要符合科学的逻辑。其四，重复性。他人采用论文中所撰写的方法能够重复得出类似的研究结果，论文才具有实践性及指导性。

3. 实用性　中医护理科研的目的是解决中医护理问题，提高中医护理质量，促进患者健康。因此，中医护理论文还应体现实用性原则，其选题来源于实践并且结果最终指导实践，如中医临床护理方法改进、中医护理技术创新等。

4. 规范性　在撰写中医护理论文时应注意规范，如使用医学名词、缩写、计量单位应统一等，同时在投稿时根据各期刊具体的要求进行相应调整。

5. 可读性　在撰写中医护理论文时还应遵循可读性原则。论文需要体现完整的构思及严谨的科学思维，同时还需要合乎逻辑，达到论述完整、结构严谨。此外，表述方式切忌冗杂，需要清晰明了、简明扼要、前后一致，文字和图表搭配、呼应合理。

四、写作技巧及注意事项

除了遵循以上原则之外，在实际进行中医护理论文写作时，还应该关注以下写作技巧及注意事项。

1. 选题宜聚焦　护理论文选题要从平时最熟悉、感兴趣的题材入手,应该聚焦,即"宜小不宜大",切忌题目大而空泛。中医护理论文应注意突出中医护理的专业特色。

2. 避免"以医代护"　中医护理论文在撰写时要注意突出体现护理,如中医护理的辨证施护,注重护理特色,体现护理内容的创新性与具体护理内容,尽量减少临床治疗内容。切勿追求医疗上的高精尖技术指标,防止"以医代护"。

3. 注重引言　中医护理论文引言除介绍所护理的疾病名称、证候特征外,还要重点地简述该疾病的中医护理或护理历史与现状、存在的问题,使读者了解其研究概况,这是撰写中医护理论文时最容易忽略的问题。

4. 设立对照组　采用中医护理新技术、新方法或改进已有方法观察中医护理效果时要设立对照组,随机分组,具有对比性,以排除与研究无关的干扰因素的影响。并且还要正确应用统计学方法进行统计学处理。

5. 详述护理方法　撰写中医护理论文时,应详细描述护理的具体措施,内容当有可操作性,尤其是要突出中医护理的特色,切忌笼统或抽象。例如,在某项研究中,对试验组实施情志护理时"根据不同患者的不同心理状态和特点给予个性化的情志护理干预措施"。其中,"不同心理状态和特点"指具备什么特征的个体? 采取哪些"个性化的干预措施"? 通过什么方式和技巧进行"情志护理"? 情志护理的频率、每次持续的时间、共干预多长时间? 由谁来实施情志护理,对干预者有资质方面的要求? 诸如此类,都应该具体详尽地描述,才能保证干预措施顺利准确地实施,也使其他有兴趣的研究者能借鉴并开展重复研究。

6. 主观指标应量化　撰写中医护理论文必须观察主观指标时,设计观察指标应尽可能量化,避免由于研究对象对指标理解的差异而影响研究结果的准确性。

7. 标出课题来源　对于基金资助的护理研究课题应标明其来源和编号,可以体现该研究成果,间接说明先进性、创新性或实用性。

(蒋新军)

复习思考题

1. 请简述中医护理论文写作的基本原则。
2. 请简述中医护理论文的写作技巧。

笔记栏 📖

ER-13-1

第十三讲
文献综述与
述评论文
PPT

第十三讲

文献综述与述评论文

1. 掌握中医药文献综述与述评论文的写作技巧。
2. 熟悉中医药文献综述与述评论文选题范围。
3. 了解中医药文献综述与述评论文的价值。

一、概述

中医药文献综述与述评是将某一个时期内与某一专题相关的所有公开发表的文献资料进行归纳整理,全面综合分析评价其研究现状、学术进展、争论焦点、存在的问题、发展前景的学术论文。属于二次文献,特点是时限性强,信息量大,学术价值与情报学价值较高,有一定的深度和广度,有助于读者快速掌握该领域的研究动向。综述侧重于"综",而略于"述";述评详于"述",即以评价为主。"述"是决定文献综述与述评论文质量的重要标志,反映出作者的基础理论、专业水平、分析问题、解决问题的能力。优秀的文献综述与述评往往对某一专题研究具有里程碑式的归纳和总结,是迅速获得知识的快捷方式或最佳方法之一。通过该文,读者可迅速了解掌握其历史背景、研究现状、发展趋势与今后的研究方向。因此,文献综述与述评既能高屋建瓴,又脚踏实地;既探赜索隐,又如醍醐灌顶。

文献综述与述评标题末尾常用"综述""研究进展""发展趋势""近况""概况""现状""文献分析""趋势""展望""述要""述评"等。

二、选题范围

中医药文献综述与述评论文选题范围广泛,主要有理论研究、临床进展、方药研究、实验研究、医史文献等方面。

文献综述与述评论文标题举例

◆ 卵巢储备功能减退的中西医病因学研究【严如根,刘恭雪,曹焕泽,等.卵巢储备功能减退的中西医病因学研究[J].中国中医基础医学杂志,2022,28(08):1367-1372.】

◆ 马钱苷药理学作用及机制研究进展【胡家铭,陈权,肖鲁伟,等.马钱苷药理学作用及机制研究进展[J].中国中医基础医学杂志,2020,26(08):1206-1209.】

◆ 中医治疗老年难治性便秘的现状与思考【丰胜利.中医治疗老年难治性便秘的现状与思考[J].中医杂志,2020,61(10):905-908.】

◆ 近五年中医药治疗原发性支气管肺癌临床研究概况【王丹阳,闫斌,田国庆.近五年中医药治疗原发性支气管肺癌临床研究概况[J].中医杂志,2021,62(18):1643-1647.】

◆ 中药脐疗制剂的研究进展【董萍,丛竹凤,徐桐,等.中药脐疗制剂的研究进展[J].中

华中医药杂志,2022,37(07):3972-3977.】

◆ 肾阳虚不孕症的代谢组学研究进展【谢兰,赵帅,闫迪,等.肾阳虚不孕症的代谢组学研究进展[J].中华中医药杂志,2022,37(04):2157-2160.】

◆ 肝纤维化病证结合动物模型的建立及评价方法研究进展【傅柳,严小军,尚广彬,等.肝纤维化病证结合动物模型的建立及评价方法研究进展[J].中华中医药杂志,2022,37(06):3330-3334.】

◆ 高内涵成像技术在中药药效物质研究中的应用进展【赵永娟,高雯,邢绪东,等.高内涵成像技术在中药药效物质研究中的应用进展[J].中国中药杂志,2022,47(16):4269-4276.】

◆ 抗肿瘤天然产物薯蓣皂苷元的研究进展【张释晴,宋雨轩,张文雪,等.抗肿瘤天然产物薯蓣皂苷元的研究进展[J].中国中药杂志,2021,46(17):4360-4366.】

◆ 血瘀证与活血化瘀研究热点与展望【徐浩.血瘀证与活血化瘀研究热点与展望[J].中国中西医结合杂志,2022,42(06):660-663.】

◆ 中药五谷虫活性肽-酶类化学成分研究进展【张玮,石晓丽,刘一凡,等.中药五谷虫活性肽-酶类化学成分研究进展[J].时珍国医国药,2022,33(08):1978-1982.】

◆ 甲状腺癌中医药诊治的现状与未来【夏仲元.甲状腺癌中医药诊治的现状与未来[J].北京中医药大学学报,2022,45(04):353-359.】

三、写作技巧及注意事项

1. 全面收集资料　文献综述要求收集最近一个时期国内外全部文献资料,并以此为基础综合分析评价其研究现状、学术进展、存在的问题及解决思路或方案。"最近一个时期"是指当前能够查到最新的某专题文献综述所引用的最新文献之后到当前的这一段时间,短者几个月,长则几年或几十年,这与其专题研究内容、进展速度、文献数量多寡有着密切的关系。常见病、多发病文献综述就特别多,少见病、罕见病、疑难病文献综述时间跨度就很长。如中医药治疗进行性肌营养不良症的文献综述概述研究时间长达40年。

收集文献可通过"中国知网(www.cnki.net)""读秀学术搜索"及各级情报检索机构进行。要直接阅读最近最新的期刊,以免遗漏。需要强调的是,一定要引用原始文献。

2. 选择核心文献　文献综述不是简单的文献堆砌,而是在全面搜集文献资料并掌握研究动态、发展方向的基础上,有选择性地参考重点、核心文献。通过综合分析、归纳提炼,将各种分散零乱的有价值资料撰写成具有回顾性、综合性、评价性、展望性、指导性的学术论文。尤其是注意阅读该领域权威专家学者的最新研究成果,并兼顾不同职业、不同年龄、不同地域特色的临床报道或经验总结,体现科学性、代表性、权威性、可靠性与普遍性。通常选用20~30篇核心或代表性文献。

3. 写法灵活　几乎中医学领域中的所有内容及与之相关内容都可以撰写文献综述,因此正文部分没有统一固定的格式,可依据主题内容而定。如病证类综述,可按辨病论治、辨证论治、专方专药、针灸推拿、其他疗法等分成数个标题;方药研究类,可按理论研究、实验研究、临床研究、不良反应等分成数个标题;医史类综述,可按历史顺序分成数个阶段。篇幅也不宜过大,以4 000~6 000字为宜。

4. 综述注重述评　综述虽然偏重"综",以资料"堆砌"为主,但也不能忽略"述"。多数综述论文所选文献资料非常丰富,但其"综"后评价却很少,严重影响论文的学术价值,反映了作者理论基础、专业水平、分析问题与解决问题能力的欠缺。因此要重视综述的"述评"部分,加强对综述所论专题的全面把握,比较优劣,评述利弊,解析争论焦点,预测发展趋势,为

ER-13-2

文献综述与
述评论文
举例

今后研究指明方向。

　　述评论文侧重"评",多是著名学术权威或学科带头人对一定时期内某领域或某专题研究进行全方位的回顾、分析、总结和展望,提出引导学科发展的新思路或新方法。其权威性、学术性非常高,但撰写难度较大。

　　5. 标引文献准确　由于文献综述参考了大量的文献,因此要认真核对出处,做到准确无误。标引文献既能说明文有依据,便于核查,又可以给读者提供进一步查阅原文的线索。

● (曾国军)

复习思考题

1. 简述中医药文献综述与述评的主要特点。
2. 简述中医药文献综述与述评的写作技巧及注意事项。

第十四讲

系统综述类论文

一、概述

自 20 世纪 80 年代循证医学的理念和方法兴起,系统综述与 meta 分析的方法也逐渐被运用在医学领域,用以评价干预措施在预防、治疗、康复方面的效果和风险,或者为诊断性试验提供更为可靠的精确性计算,也可以为流行病学提供更为可靠的病因或危险因素的估计。相对于传统综述,系统综述研究的研究团队构成更丰富(一般涵盖方法学家、统计学家、临床专家,甚至包括患者和卫生政策决策者),文献检索的证据更全面(包括已发表的和未发表的文献),对符合纳入标准的研究的质量评价更严格,数据分析方法更严谨,基于证据的基础得出的结论更客观。因此,目前系统综述的论文发表数量在综述类论文中占比逐年增加,本章主要介绍系统综述类论文的方法与写作要点。

(一)系统综述的概念

系统综述(systemic review,SR)是指就一个特定的题目(病种或疗法),收集所能够收集到的研究(包括所有语种的),整合起来进行全面和客观的分析,从而得出综合的结论。很多研究者误认为 meta 分析就是 SR,事实上 meta 分析是定量的 SR,是采用统计学方法对两个或以上的研究资料进行综合的过程,用于治疗试验、诊断性试验和流行病学研究资料的 SR,与之相应的是未运用或不适合运用 meta 分析的定性描述为主的 SR。国际 Cochrane 协作网制作的 SR 是国际公认的高质量的系统综述(2024 年最新影响因子为 8.8 分)。Cochrane 的协作评价组可提供方法学上的帮助和指导,Cochrane 进行的 SR 涉及题目注册、研究方案撰写经同行专家评审、完成系统综述评审后发表、发表后随着新的临床试验出现而更新等步骤。

(二)系统综述的种类

按研究目的,系统综述可以分为以下几种常见的类型。

1. 系统综述/系统评价(systemic review) 常规的 SR,即就一个特定的题目,收集所能够收集到的研究,整合起来进行全面和客观的分析,从而得出这种疗法究竟是否有效的综合结论。

2. 伞状综述(umbrella review)/系统评价再评价(overview of systematic reviews) 全面收集同一疾病或同一健康问题的病因、诊断、治疗和预后等方面的相关 SR 进行再评价的一种综合研究方法。其过程与经典 SR 相似,区别在于其纳入的原始研究均为 SR 而不是随机对照试验。

3. 概况性综述/概况性评价/范围综述(scoping review)　针对某一话题,通过系统检索、筛选和整合现有证据,以确认主要的概念、理论、相关资源,以及当前该领域研究中的差距,为下一步研究提供建议。

4. 快速综述/快速评价(rapid review)　是一种知识整合的形式,通过精简或省略特定方法以加速进行常规 SR 的过程,从而高效利用资源,并为利益相关者提供证据。

以下将分别介绍上述几种系统综述的实施方法和撰写要点。

二、系统综述的实施及报告

(一) 基本步骤

1. 提出问题　SR 的问题包含四个关键要素——何种患者(participants,P)、何种干预措施(intervention,I)、何种对照类型(comparison,C)、何种判断疗效的指标(outcomes,O)。同时在这一阶段要确定所纳入的原始研究类型(study type,S),一般在评价干预措施疗效时纳入随机对照试验(randomized controlled trial,RCT)。

2. 制定研究方案　SR 的研究方案是围绕研究问题和研究目的而制定的具体的研究实施方法,制定并注册方案是高质量 SR 研究的重要条件。方案的内容包含研究问题、研究目的、纳入研究的标准、检索策略及具体的选择、评价、分析数据的方法,还包括团队构成、预期完成时间、利益相关冲突、资助来源等其他问题的考虑。方案可以注册(如 PROSPERO 网站),也可以发表(如 *Systematic Reviews*、*BMJ Open* 等期刊均可发表 SR 的方案)。

3. 检索、收集符合纳入标准的 RCT　对试验收集要求尽可能全面,包括发表文献和未发表文献、中文文献及外文文献,避免发表性偏倚和选择性偏倚等影响因素。筛选文献需严格按照既定的纳入标准执行,一般要求 2 名以上研究者独立选择纳入研究后核对结果。

4. 资料提取　在制定方案阶段就可以设计资料提取表来提取资料,若在提取资料过程中,缺乏所需要的数据,应与原作者联系以补充完善;同时为保证质量,提取资料也应由至少 2 个人独立完成后交叉核对。

5. 严格评价　采用客观统一的标准或工具对纳入研究的质量进行评价,对 RCT 的方法学质量评价一般采用 Cochrane 偏倚风险评估(risk of bias,RoB)工具,对报告质量进行评价一般采用 CONSORT 声明的清单核对。RoB 2.0 的版本可以在 Cochrane 网站上免费获取,相比于 RoB 1.0,这个新版的 RoB 工具在评价 RCT 偏倚风险时侧重如下几个领域,如随机过程中的偏倚、偏离既定干预的偏倚、结局测量过程中的偏倚、结局数据缺失的偏倚、选择性报告偏倚,并根据以上各领域的评估结果进行整体偏倚的评价。在每个领域中都存在若干个信号问题,评估人员需要根据所评估研究的实际情况针对每个信号问题进行"是""可能是""可能不是""不是"或"无相应信息"的判断,并参照对信号问题的回答来对相应领域的偏倚风险作出"低""高"或"有可能(some concerns)"的评估。

6. 资料分析　SR 的资料分析包括数据合并、亚组分析、敏感性分析和发表偏倚的分析等。常用的进行 meta 分析的软件是 Cochrane 协作组的 Review Manager(RevMan)软件,此外 Stata 软件、R 软件、SAS 软件等常用的统计分析软件均可实现这一功能。如果纳入研究的数据不满足 meta 分析的条件(如异质性较大),也可以进行定性分析,即对资料的描述性综合。

7. 对结果的解释　对 meta 分析等二次分析的结果进行解释,要结合严格评价的结果,考虑证据的强度(如 GRADE 分级)、结果的可应用性、临床实践的现状,以及干预措施利弊和费用的权衡。

8. SR 的改进与更新 Cochrane 协作网上所发表的 SR,会随着新的 RCT 的产生而定期进行更新,以确保其所能体现的证据是"当前最佳"证据。

(二)报告规范

医学研究的报告规范是用于指导研究者和出版人员清楚、准确地报告和发表医学研究的设计、实施过程和所有结果的指南性文件。无论是什么类型的临床研究,在发表其研究报告时都应该尽可能清楚地描述研究的背景、目的、方法、结果和结论,并针对研究中的发现进行深入而具体的讨论。国际上已有多个方法学团队针对不同研究类型的报告发布了规范化的指导性文件,统一以清单(checklist)的形式对应该报告的条目进行了建议。EQUATOR 协作网(Enhancing the QUAlity and Transparency Of health Research,EQUATOR Network)就是在全球范围内推广使用各种医学研究报告规范的组织机构,旨在提高报告质量、提高透明度、促进卫生研究质量。在 EQUATOR 网站上列出了 657 条报告规范(截至 2025 年 1 月),分别是针对各种研究类型的国际公认的建议报告条目,可以免费下载使用各个报告规范的清单并查找该规范的使用说明。目前,各大 SCI 期刊均要求在临床研究投稿时同时递交相应研究类型报告规范的作者自查清单,以确保所撰写稿件满足报告规范的要求。

1. 系统综述优先报告的条目 系统综述的报告规范参考 2009 年发布的系统综述优先报告的条目(Preferred Reporting Items for Systematic Reviews and Meta-Analyses,PRISMA),该条目共计 27 条,北京中医药大学刘建平教授团队已翻译并解读了该规范的条目,发表于《中西医结合学报》。2021 年更新的 PRISMA 2020 发布,在 2009 年版本基础上修改了条目的结构和呈现方式,检索及筛选流程图的模板也较前有了更新,按照系统综述不同的类型和检索来源,流程图有相应的四个模板可选,详情可查 PRISMA 的官方网站。

2. 报告格式

(1)标题:提示性标题,即包含重要信息,体现评价的目的。如"针灸治疗失眠的疗效:随机对照试验的系统综述",就包含了 P 和 I 两个重要因素,以及纳入的研究类型。如果问题中的 C 和 O 也有明确的界定,那么在题目中也应该有所体现,如"中药辅助化疗对乳腺癌患者生活质量的改善:随机对照试验的系统综述"。

(2)结构式摘要:Cochrane 系统综述全文报告的摘要最多可达 1 000 字,因为大多数读者很可能在阅读一篇文献的时候首选摘要,甚至只阅读摘要,因此 SR 的摘要就要求尽可能使用非技术性语言结构式地介绍背景、目的、方法、结果和结论。其中,方法部分要交代资料来源、研究选择、研究质量评价和资料提取。结果部分要交代资料定性或定量综合的主要结果和发现,如果使用了 meta 分析,则应给出主要结局的效应及其可信区间。非 Cochrane 的 SR 可能会受到发表期刊版面的限制,摘要字数一般限定在 250~450 字不等,就要求用简洁凝练的语言清晰地报告上述内容。

(3)正文:①背景信息,即立论依据。一般包括对所研究疾病的流行病学特征概括、诊断及主要症状表现的描述,对现有干预手段及局限性的分析,对目标干预治疗本病的可能机制及既往研究基础等。②研究目的,即评价所要回答的问题。③研究方法。包括检索策略和检索过程、纳入及排除标准、原始研究相关性和真实性评价的方法、资料提取及综合的方法,以及研究间异质性的调查、亚组分析和敏感性分析的设计。方法部分应提供足够的信息使其达到可被重复。如果该研究的方案提前注册过,也应该在文中提供注册平台的网址及注册序列号,同时说明是否有修改方案及修改的必要性。④研究结果。首先是文献检索和筛选的结果,采用流程图的形式说明。然后是纳入和排除研究的特征,尤其是纳入研究的特征分析除了文字描述还可辅以表格呈现,对研究的 PICO 的细节进行分析。纳入研究的方法学质量评价结果,一般会给出 RoB 的汇总分析图,并对其中特殊的情况加以分析。最后是统计分析的结果,指得到的发现、结果的论证强度及敏感性分析。效应的估计值及其可信区间用表或 meta 分析图表示。⑤讨论。首先对主要发现作陈述,然后对结果意义进行分析(包括纳入评价的质量、总效应方向和大小及结果的应用性),继而对该综述的优缺点进行分析,最后提出该 SR 的实际意义和对未来研究的提示。⑥结论。同摘要一样,结论也是读者较关注的部分,因此应当用词清楚,切忌作主观的推论,应当根据证据强度作相应的推论。

（4）致谢:一个完整的 SR 需要一个成熟的小组各成员共同完成,单一作者是不可能胜任一个高质量的 SR 的。一般来说,为 SR 寻求资助、收集资料或对其作一般性的监督管理,不作为著作权的贡献范畴,但对做出相应贡献的人员应当致谢。致谢需征得当事人的同意。

（5）利益冲突声明:利益冲突是涉及主要利益(即患者福利、研究真实性等专业评价)受到第二种利益(如经济利益)的不正当影响的情况。评价者应当诚实陈述自己的判断是否会有其他因素的影响。

（6）参考文献:包括背景、讨论部分引用的文献,以及纳入研究及排除研究的题录。

（7）附录:附录用于在正文中不能出现的细节,如纳入研究的原始资料、附表或附图等。

三、系统评价再评价的实施及报告

（一）定义及适用范围

1. 定义　系统评价再评价(overview of systematic reviews,简称 Overviews)是全面收集同一疾病或同一健康问题的病因、诊断、治疗和预后等方面的相关系统评价进行再评价的一种综合研究方法。Overviews 产生的主要原因是大多数 SR 只专注于一种干预措施,SR的使用者通常需要寻找多篇同主题的 SR 来获取他们所需的相关证据。因此,Overviews最初的目的是为研究者快速提供数据库中相关的 SR 且能较全面地掌握各篇文献的概要。

2. 适用范围　根据 Cochrane 系统评价工作者手册中对 Overviews 的方法描述,Overviews 可以用来汇总:①针对相同条件或人群的不同干预措施疗效的证据;②针对同一干预的不同条件或人群的治疗概况;③对相同的条件或人群进行相同的干预时,不同的结局指标或测量时间点的效果概况;④关于某种干预措施对一种或多种疾病或人群的不良事件的证据。

Overviews 的目的可以是总结评价现有的某个研究问题的系统综述的证据,也可以是从某个新的角度/人群来评价干预措施的治疗效果。但切忌在以下三种情况使用 Overviews 的方法:①研究对象为原始研究而非 SR;②研究目的仅仅为更新原有的 SR;③仅仅报告纳入SR 的结论而未进行评价和总结分析。同时,Overviews 一般不用来进行多种干预措施疗效的横向比较。

（二）实施方法

Overviews 的制作步骤与 SR 大体相似,同样包括选题、制定纳入排除标准、检索、筛选文献、提取资料、质量评价、资料分析和证据等级评价等步骤。在选题完成之后,正式开展Overviews 的制作之前,应当设计研究方案,方案中应当包含选题之外的所有步骤的方法学细节。但是,由于 Overviews 的主要研究目的有别于 SR 本身,故而在每一步骤的设计上又有细节上的差异。

1. 选题　Overviews 的选题不仅要基于临床问题,还要考虑目前该领域已发表的系统评价的数量。Overviews 可以针对疾病的干预、诊断、预后/患病率、病因/危险因素等不同方面进行研究。以干预性 Overviews 为例,可以分析:①不同干预措施对同一疾病;②同一干预措施对同一疾病的不同结局指标;③同一干预措施对不同疾病;④干预措施的不良反应。如前所述,Overviews 的研究目的也可以分为两大类,对目前研究领域现有证据的概况总结,或是解决新的临床问题(比如对具有某些特征的患者进行亚组分析)。

2. 制定纳入和排除标准　也需要根据"PICOS"结构化问题,如上文所说,Overviews 的 PICO 要素往往有一个是不限定的,这与 SR 是不同的。一般情况 Overviews 应该纳入所关注问题的所有相关 SR,以使结果更全面。

3. 文献的检索与筛选　Overviews 的检索策略较 SR 更为简单,例如汇总某一疾病或者健康相关问题的所有干预措施的疗效,那只需要确定疾病或者健康问题的名称,同时联合"系统评价/系统综述/meta 分析/荟萃分析"等检索词进行主题词检索即可。

4. 资料提取　主要提取纳入 SR 的 PICOS 信息及文献的基本特征,但对于结局指标的收集又不同于 SR。在收集研究结果的相关信息时,对于每个 SR 的结果部分应当按以下标准提取:①提取不同比较类型下面每个结局的合并效应量、可信区间、异质性评价指标及采用的模型,以便于对纳入的 SR 的 meta 分析结果进行定性描述。②如果需要进行原始数据的比较分析,则提取纳入的 SR 中的每个原始研究的连续变量,或者二分类变量结局的原始数据,或者其效应值及其 95% 可信区间。

5. 方法学质量评价　SR 方法学质量评价的标准众多,目前 Cochrane 协作网推荐的方法学质量评价工具主要有两个。第一个是 2007 年阿姆斯特丹自由大学医学研究中心和加拿大渥太华大学的临床流行病学专家们共同开发的 AMSTAR 量表。这是目前应用最广泛的评价工具,主要用来评价随机对照试验的系统评价质量。2017 年,AMSTAR 作者团队又对其进行了更新和升级,形成新的 AMSTAR-Ⅱ量表。升级后的量表可以评价随机对照试验及非随机对照试验的系统评价质量。第二个推荐使用的工具是 2016 年开发的 ROOBIS 量表,用来评价干预性、诊断、预后,以及病因学系统评价的方法学质量。

6. 报告质量评价　对纳入的 SR 采用 PRISMA 声明进行报告的质量评价,但 Cochrane 协作网并没有此要求。

7. 数据分析　包括定性的结果总结和定量的数据合并两种数据分析形式,Overviews 作者应当根据研究目的选择适当的数据分析方法。如果研究目的仅是为了将目前同一领域可获得的证据进行概况总结,那就可以仅对纳入的 SR 的结果进行如实报告即可,如果需要对原 SR 进行特殊人群或者亚组分析,则需要对 SR 中的不重复的原始数据重新进行 meta 分析或者网状 meta 分析。

8. 证据质量评价　Overviews 的制作者应从结局指标层面进行证据质量评价。若纳入的 SR 本身已进行了证据质量评价,则应该对评价结果谨慎评估以确保原评价结果的正确性。若未进行质量评价,则应依据 GRADE 系统进行评价。

(三) 报告规范

Overviews 相关的报告规范目前有三个,均可在 EQUATOR 网站上查到。

第一个是针对干预措施利害关系的 Overviews 优先报告的条目,简称为 PRIO-harms。兰州大学杨克虎教授团队已于 2018 年对该条目进行了解读,文章发表在《中国循证儿科杂志》,这里引用该文中的 27 条清单(表 14-1)。

表 14-1　PRIO-harms 清单

领域和主题	条目	条目清单
标题		
	1a	题目中明确体现系统评价再评价
	1b	题目中也可出现安全性、危害性、不良事件的相关表述
摘要		
结构式摘要	2a	提供结构式摘要。如果适用，应包括背景、目的、数据来源、文献选择标准、数据提取、质量评价、数据综合方法、结果、局限性、结论等
	2b	报告系统评价再评价和/或纳入系统评价中危害性分析的主要结果
背景		
理论基础	3a	概述现有知识背景下系统评价再评价的基本原理和论述范围（广义或狭义）
	3b	公允报告干预措施潜在的利害关系
	3c	根据已发表文献判定哪些事件是不良事件，并提供明确的理由
目的	4	以 PICOS（研究对象、干预措施、对照措施、结局指标、研究类型）的形式明确说明研究问题
方法		
方案与注册	5a	说明是否有计划书
	5b	如果已注册，应提供注册机构（如 PROSPERO 等）有效网址
文献选择标准与结局指标	6a	详细说明按照研究设计、研究对象、干预措施、对照措施形式制订的文献选择标准
	6b	报告（必要时定义）结局指标的具体数据，最好对主要和次要结局指标进行优先排序
	6c	报告纳入不良事件作为（主要或次要）结局指标。如果适用，对其严重程度进行分级（如轻度、中度、重度、致命，可在附件中描述）
	6d	报告系统评价再评价纳入研究的特征（如语言限制、发表状态、发表时间）（参见条目 7）
信息来源	7a	检索至少 2 个电子数据库
	7b	报告补充检索的来源（如手工检索、追溯参考文献、相关综述和指南、注册的计划书、会议摘要和其他灰色文献）
	7c	报告末次检索时间和/或每个数据库的检索时限
检索策略	8a	提供至少 1 个电子数据库的完整检索策略（算法），包括检索过程中使用的任何限制（如语言和时间限制，参见亚条目 6d 和 7c），以便可以重现检索结果
	8b	报告其他用于识别已明确的不良事件的检索过程（如不良事件的算法或滤器、检索相关网站）
数据管理与筛选过程	9a	报告系统评价再评价制作过程中用于记录和管理数据的软件
	9b	定义系统评价，并提供文献筛选过程及相关细节（如由至少 2 名研究者筛选文题、摘要或全文，多名评价者独立选择并交叉核对确定研究，最终以协商的方式解决分歧）
	9c	报告重复研究的处理方法（包括纳入版本最新的、方法学最严谨的、纳入原始研究最多的系统评价）

续表

领域和主题	条目	条目清单
原始研究的补充检索	10	报告用于确定合格原始研究的补充检索（如检索更多数据库或更新补充检索）及相关细节
数据收集过程	11a	报告系统评价再评价的数据提取方法（如数据提取表、独立或重复提取、通过协商方式解决分歧）
	11b	报告从研究人员处获取、确认或更新数据的过程（如联系纳入研究作者或从纳入系统评价中的原始研究获取数据）
数据条目	12	报告（必要时定义）影响研究结果的相关变量（如 PICOS、纳入研究和研究对象的数量、剂量或频率、随访时间、结果、资金来源）及数据转换和简化方法
方法学与证据质量评价	13a	报告纳入系统评价的报告和/或方法学质量评价方法（如使用系统评价和 meta 分析优先报告条目 PRISMA 声明或系统评价和 meta 分析危害性优先报告条目 PRISMA-harms 声明、系统评价方法学质量评价工具 AMSTAR 或其修订版 R-AMSTAR 工具评价纳入系统评价的质量）
	13b	报告纳入系统评价中原始研究的质量评价方法（如使用随机对照试验的评价工具 Jadad 量表或 Cochrane 偏倚风险评估工具 RoB）
	13c	报告证据质量的评价方法（如证据推荐分级的评估、制订与评价系统 GRADE）
	13d	描述质量评价的方法（如预实验、独立、重复）
meta 偏倚	14	说明预先计划的 meta 偏倚评价方法（如发表偏倚或不同研究的选择性报告、系统评价偏倚风险评估工具 ROBIS）
数据综合	15a	报告数据的处理或综合方法（如定性描述、meta 分析、网状 meta 分析）及相关细节（如数据提取或计算方法、异质性评价方法，如果进行定量合成，则报告相应统计方法）
	15b	如果进行定量合成，报告使用的软件
	15c	报告纳入研究中是否存在未发生不良事件的情况及如何进行统计分析处理
	15d	描述拟进行的其他分析方法（如敏感性分析、亚组分析、meta 回归）
结果		
系统评价与原始研究的选择	16a	提供选择系统评价的详细信息（如检索、初筛、纳入和排除系统评价的数量），补充纳入的原始研究，推荐使用流程图呈现系统评价再评价选择研究的过程
	16b	流程图中单独呈现涉及不良结局指标的研究数量
	16c	列出阅读全文后排除的研究（列出参考文献）并提供排除原因
系统评价与原始研究的特征	17a	以表格形式呈现纳入系统评价的特征［如题目、作者、检索时间、PICOS、纳入研究的设计和数量、研究对象的数量和范围、干预的剂量或频率、随访时间（治疗持续时间）、系统评价的局限性、结果、结论］和补充纳入原始研究的特征
	17b	报告纳入系统评价使用的语言和发表状态限制
重复	18	呈现和/或讨论系统评价中原始研究的重复情况（至少报告以下 1 种）；重复研究的处理方法（如修正重叠区域）；列出引文矩阵；给出索引出版物数量和/或讨论重复研究

续表

领域和主题	条目	条目清单
方法学和证据质量评价的呈现	19	以文字或图表形式呈现质量评价结果（参见亚条目 13a～c）：包括纳入系统评价的报告和/或方法学质量；报告系统评价纳入原始研究的质量（包括序列生成、分配隐藏、盲法、退出、偏倚等）及补充纳入原始研究的质量；证据质量
meta 偏倚的呈现	20	报告 meta 偏倚的评价结果（如发表偏倚、不同研究的选择性报告、ROBIS 工具评价结果）
结果综合	21a	总结和报告系统评价再评价中利害关系的主要结果。 如果进行定量合成，则以可信区间和异质性等报告综合结果
	21b	如果进行其他分析（如敏感性分析、亚组分析、meta 回归），应报告相应结果
	21c	分别报告每种干预措施所致不良事件的结果
讨论		
证据总结	22	提供主要结局的简要总结及每项主要结局指标的证据优势和局限性
局限性	23a	讨论系统评价再评价或纳入研究（或两者）的局限性（如不同的文献选择标准、检索的局限性、语言限制、发表偏倚、选择偏倚）
	23b	报告危害性相关系统评价可能的局限性（如数据和信息缺失问题、危害性定义、罕见不良事件）
结论	24a	提供与系统评价结果相符的一般性解释及对临床实践的影响；同等慎重考虑利害关系及在其他临床背景中的证据选择
	24b	对未来研究的启示
作者身份		
作者贡献	25	报告作者贡献
双重作者	26	局限性或利益声明部分报告双重作者
资金		
资金及其他支持	27a	报告系统评价再评价（直接资助）或作者（间接资助）的资金支持和其他支持来源，或报告没有资金支持
	27b	提供系统评价再评价或作者的资助者或赞助商
	27c	如果存在资助，应报告系统评价再评价中资助者、赞助商和/或机构的作用

　　第二个是 2022 年 9 月发布的医疗保健干预性系统评价再评价的报告规范（Reporting guideline for overviews of reviews of healthcare interventions，PRIOR），该规范同样包含 27 个条目，在 EQUATOR 网站可以获取清单及解读文件。

　　第三个是 2019 年发布的一项关于 Overviews 的摘要撰写的报告规范，包含 6 个部分 15 个主题，共计 20 个条目。

四、概况性评价的实施及报告

（一）定义及特点

　　1. 定义　概况性评价是一种系统的方法，用于检索和审定可用于确定证据主体的范围、种类和特征的研究文献，整合现有知识，探讨一个探索性的研究问题，以绘制该研究领域的现有证据，了解在哪里可以找到证据、检查可用的研究，并找出现有证据与特定领域相关研究中的差距,为未来的研究重点提供指导。

有研究者概括概况性评价的目的,包括四个方面:①调查主题领域研究活动的程度、范围和属性;②明确开展完整 SR 的价值、潜在范围及花费;③总结与传播研究发现;④明确现有文献的研究局限。前两个目的可归为一类,说明概况性评价是开展系统评价的前期步骤,其最终目的是为制作一篇完整的 SR 而服务。后两个目的可归为一类,说明概况性评价可以作为独立的研究项目,发表和传播某一特定领域的研究发现。

2. 特点 概况性评价的部分制作步骤与 SR 相同,两者均采用严格、透明的方法,全面地查找和分析与某一研究问题相关的研究证据。两种文献研究方法的主要差别源自研究目的不同,主要体现在三个方面:①概况性评价旨在明确主题领域的大量文献,因此其主要是呈现与宽泛的主题相关的大范围的、多样化的文献概况。而 SR 的目的则在于总结针对某一特定问题的最佳证据,因此其主要是整理与所关注的研究问题相关的、数量相对较少的研究所提供的证据。②概况性评价通常纳入各种类型的研究和方法学研究,而评价干预有效性的系统评价通常只关注设计严谨的随机对照试验研究。③概况性评价旨在提供评价材料的描述性概述,而不评价单个研究的质量,亦不对来自不同研究的证据进行整合。而 SR 的目的则在于整合来自经过偏倚风险评估的不同研究的证据。

(二)实施步骤

1. 确定研究问题 概况性评价首先也是确定要解决的研究问题,要明确研究问题的哪些方面最重要,如研究人群、干预措施或结局指标。为了概述和总结某一领域的现状,概况性评价审查的问题通常是广泛的。尽管问题具有广泛性,但要确保足够清晰,以指导调查范围。如果研究问题的调查范围过大,纳入的研究数量较多,就会导致用时较长、所需的资源较多、研究协调和管理要求增加,因此在选题时要评估其可行性,以确保选题能够顺利完成。

2. 研究策划 在开始研究前需要成立一个由具有流行病学专业、循证医学专业、医学专业背景人员组成的研究小组。该团队需要评估选题的可行性,并对要解决的广泛研究问题和整体研究方案提供建议,形成研究方案,包括检索策略和选择要检索的数据库等。

3. 文献检索 概况性评价是对相关问题的证据进行全面的展示,所以全面彻底的检索显得十分重要,一般可在不考虑研究设计的情况下检索相关文献。一般是从广泛的检索开始,不必一开始就严格限制检索词;随着对文献熟悉程度的提高,研究人员需要重新定义检索词对文献进行更敏感的检索。这个过程不是线性的,而是迭代的,要求研究人员以反思的方式参与每个阶段,并在必要时重复步骤,以确保文献的全面涵盖。除常用的中外文电子数据库外,利用 Medical Martix 等搜索引擎可获取更多研究的相关信息。同时,通过检索会议摘要等灰色文献、手工检索重要的相关期刊、浏览参考文献获取最新信息,联系国内外相关研究机构及该领域的专家获取正在进行的研究和未发表的文献也是非常重要的。尽管文献检索的全面性和广泛性很重要,但也需要权衡时间、预算和人力资源因素,制订合理的计划,保证研究的及时完成。

4. 研究筛选 与 SR 方法相同,需要在文献筛选前制定纳入和排除标准。不同的是 SR 在研究开始时就已经根据具体的研究问题制定好了纳入和排除标准,而概况性评价纳入的文献包括已发表的经同行评审的论文、正在进行中的研究、初步调查结果、政策相关报告/政策文件,和未发表的硕博士论文等多种类型的资料,通常需要对检索的相关文献进行深入了解后,再根据 PICOS 原则结合研究的问题来决定哪些方面需要纳入排除标准之内。纳入和排除标准制定好后,2 名(或以上)研究者根据标准阅读检索所得文献的标题和摘要独立进行文献筛选,如果从摘要中不能判断某项研究是否纳入,则需要获取全文。当对选择结果存在分歧时,应由第三人仲裁解决。

5. 质量评价　在概况性评价中不一定要评估研究质量,而是概述各种研究设计、方法的细节和实际研究的结果。但是也有研究者认为质量评价是概况性评价的必要组成部分,强烈建议将质量评估纳入其方法框架。概况性评价的研究结果以实践或政策制定的方式传播给他人,也可用于未来的研究,如果纳入研究本身的质量得不到评价,那么证据的可信度就得不到保证,故对纳入研究的质量进行评价显得至关重要。近年来,越来越多的方法学质量评价工具被开发出来,研究者应根据纳入文献的类型选择合适的质量评价工具开展质量评价。

6. 提取数据　数据提取是提取纳入研究的关键信息,将其图表化,并定性或定量化,清楚显示其基本特征、研究结果及其他信息的过程。提取的数据包括有关研究的一般信息和与研究问题相关的特定信息,一般包括作者、出版年份、研究地点、研究设计、人群基本特征、干预措施的详细特征、结局指标、重要结果数据和具体方法学等。提取信息条目确定好之后,研究者需设计一个资料提取表,2 名研究者采用资料提取表对随机选取的 5~10 篇纳入研究进行预提取并核对结果一致性,必要时对表格项目进行适当完善。资料提取过程中若出现分歧,应该通过讨论解决。

7. 资料分析　资料分析包括描述性分析和定性主题分析。数值分析可以分为包含研究范围、性质和分布的基本数值分析和文献中提取结果的数值分析。对于研究的范围、性质和分布的基本数值,可以用常数、百分比、中位数和四分位数表示,并以表格和图表的方式呈现。提取结果中的数值分析,对于二分类变量,可选择比值比作为效应量表达。对于连续性变量,可选择均数差或标准化均数差表示,并以森林图的形式呈现。对于纳入文献当前的现状或主题的呈现需要进行定性分析。对于定性分析可以借鉴定性 SR 的资料综合方法。例如 meta-人种志致力于确定各定性研究之间的关系,此方法适用于教育学与部分护理学领域。批判性解释综合(critical interpretive synthesis,CIS)改编自 meta-人种志,适用于提取广泛的研究对象的定性研究。主题综合是通过分析主题的方式,综合各研究之间的观点,对分析的研究提出新的解释与说明。与系统评价不同,概括性评价旨在概述所有审查的材料,因此如何最好地展示纳入研究中包含的大量材料至关重要。这一过程通常需要包括数据整理分析、总结和报告结果等方面。

8. 总结和报告结果　由于概况性评价纳入的文献量较大,纳入的研究设计具有多样化,导致获取的结果信息量较大。研究者可以结合研究的主题及需要解决的问题制定相应的表格来呈现结果。这样不但能简洁明了地显示结果,还有益于把研究结果与研究目标明确联系起来,以便检查文献的范围并找出差距。报告结果时不但要报告与总体目标或研究问题相关的发现,还要将研究发现的意义与研究的总体目标相联系,讨论其对未来研究、实践和政策制定的意义。

9. 咨询与建议　咨询为消费者和利益相关者的参与提供了机会,可以提出更多参考资料,并提供超出文献资料之外的见解。首先要明确咨询的目的,其次还要清楚地阐明要咨询的利益相关者的类型,以及如何在研究中收集、分析、报告和整合利益相关者的数据。若概况性评价未得出与利益相关者有关的发现,则可开展研究所关注范围之外的进一步研究,以便为专业实践做出有意义的贡献。

（三）报告规范

PRISMA 工作组于 2018 年 9 月发布了概况性评价的报告规范,即 PRISMA-ScP 声明。同年,田金徽教授团队翻译了该声明并发表于《中国药物评价》杂志,这里引用该文中的 27 条清单(表 14-2)。

表 14-2　PRISMA-ScP 清单

章节	编号	条目清单
标题	1	标题能识别是 Scoping review
摘要		
结构式摘要	2	提供结构式摘要，包括背景、目的、纳入标准、证据来源、证据综合方法、结果、结论
前言		
理论基础	3	介绍当前已知的研究理论基础，并解释为什么本研究问题（目的）需要通过概况性评价解决
目的	4	通过对研究问题（目的）的关键性要素（如人群或参与者、概念和背景）和用于概念化研究问题（目的）的其他相关因素为导向的问题提出清晰明确的研究问题（目的）
方法		
方案和注册	5	报告是否有研究方案，方案可否获取及获取途径（如通过网址）；若可行，报 Scoping review 的注册信息（包括注册号）
纳入标准	6	纳入证据的特征，如考虑的年份、语言和发表情况，并给出理由
信息来源	7	描述所有检索信息来源及末次检索时间（包括检索数据库及其收录年限，联系原始文献作者获取更多研究信息）
检索	8	至少说明 1 个数据库的检索方法，包括所有的检索策略的使用，使得结果可以重现
证据选择	9	报告该概况性评价筛选证据（即筛选和纳入标准）的具体过程
资料提取	10	报告从纳入的证据中获取资料的方法（如标准化的表格或预提取表格，独立提取、重复提取），以及向报告作者处获取和确认资料的过程
资料条目	11	列出并说明所有资料相关的条目，以及做出的任何推断和形式
单个证据的严格评价	12	如果有，提供对纳入证据进行严格评价的理论基础，同时报告使用的具体方法，以及这部分信息如何被用于结果综合
概括效应指标	13	不适用
结果的综合	14	报告资料处理和呈现的方法
研究间偏倚	15	不适用
其他分析	16	不适用
结果		
证据选择	17	分别报告初筛、评价符合纳入和最终纳入概况性评价中的证据数量，并说明每个阶段排除证据的原因，最好提供流程图
证据特征	18	报告每个纳入证据的特征，并提供引文出处
证据的严格评价	19	如果有，提供对纳入证据进行严格评价的结果
单个证据的结果	20	报告单个证据中与本研究问题（目的）相关的资料
结果的综合	21	用图表或者描述性的方法总结和呈现综合结果
研究间偏倚	22	不适用
其他分析	23	不适用
讨论		
证据总结	24	总结该概况性评价的主要研究结果（包括概念、主题和证据的概述），并考虑与主要证据使用群体的相关性

续表

章节	编号	条目清单
局限性	25	讨论概况性评价过程中的局限性
结论	26	提供研究结果的概要性解释,并说明对未来研究的提示
资金支持	27	报告本概况性评价自身及其纳入证据的资金支持,同时报告资助者在该概况性评价的制作过程中所起的作用

五、快速评价的定义及方法

(一)定义

系统评价对临床工作者和决策者来说是非常有用的工具,因为它们可以帮助医生或决策者基于整体证据来衡量每个患者的最佳治疗方案,并为患者决策辅助工具、临床实践指南等提供证据基础。然而,由于方法的高度严谨性,完成一项系统评价可能需要半年到两年的时间,并且需要丰富的专业技能来执行。Cochrane 系统评价的流程中包括文献筛选(标题、摘要及全文)、资料提取和严格评价都应该由至少 2 名作者独立进行。此外,还需要专业的文献检索人员、研究协调员、临床专家和统计学家的共同协作。

卫生决策者(包括临床医生、患者、管理者和决策者)通常需要及时获取相关证据信息。系统评价虽然可以提供这些信息,但其研究过程需要大量资源才能完成,而且其所需的时间框架可能不适合某些决策者的需要。有数据显示,一项系统评价平均需要 1 139 小时(极差 216~2 518 小时)才能完成,通常需要至少 10 万美元的预算。因此,某些情况下决策者只能参考当时所能获取的不太可靠的证据,如专家意见或单个小样本研究的结果,这可能使得给出的决策不是最优决策。

快速评价(rapid review)是一种 SR 的形式,它简化或省略了传统 SR 过程的某些步骤,以及时生成信息。然而,正是由于简化了 SR 流程,快速评价可能容易产生有偏的结果。

(二)特点

1. 研究问题多由决策者提出,结果均直接用于急迫的决策参考。研究表明,多数传统系统评价中提供的临床信息更多对临床工作者有用,对政府或其他非临床决策者作用有限。这是因为决策者需要更全面、更综合、多维度(如经济学证据、社会适应性等)的信息,因此卫生技术评估(health technology assessment,HTA)更符合决策者的需求。快速评价是从决策者需求出发,为决策机构生产证据的特殊方法。

2. 需多方相关信息。循证决策的关键在于证据的获取。快速评价是循证决策的工具之一,在有限时间和证据不全甚至缺乏的情况下,应尽可能获取当前可得的最佳证据。除通过数据库进行检索外,还可寻求外部力量的援助,如专业 HTA 机构的专家意见或临床医生的意见等。

3. 多部门共同合作。快速评价不等同于简单评估,仍需综合临床、经济、伦理等多方面的信息,需不同职能部门绝对分工,相对合作。

4. 必须有顶层设计和质量保证,对人员要求高。HTA 需研究者在短时间内尽可能多地获取相关信息并进行质量评价、整合,并就所获有限证据进行评价、总结,还需决策者根据有限的信息快速科学决策,这对研究者和决策者都提出了较高的要求。

5. 评估速度快。根据需求必须在规定时间内完成相关问题的评估,这是快速评价与传统 SR 方法最显著的区别。

(三)实施方法

快速评价在时间有限的情况下,不是每个环节都必须实施,但基本框架与传统 SR 一致。

快速评价的特殊考虑包括:①开展快速评价前应首先评估其采用快速评价方法的必要性,研究者需与证据使用者进行反复沟通,了解其需求及利益关系,以确定问题的范围。②明确研究问题,快速评价应当回答具体的问题,而不仅是传统系统评价的替换。③应当首先检索相关性最强、质量最佳的系统评价或 meta 分析,再选择高质量或最近发表的原始研究,以引用率高的文献为佳。同时检索指南、经济学分析、非临床研究和述评、半试验研究和观察性研究。检索一般限定在 5~10 年内发表的文献。每个研究团队应有专业检索人员完成高质高效的检索。除文献数据库和灰色文献的检索外,向专业机构的专家进行咨询也是很好的信息来源。④资料提取时因时间限制,需优先提取主要信息,包括研究的主要目的、方法、结果和局限性。虽然很多研究仅由 1 名研究者完成文献的筛选和资料提取工作,仍然建议在时间允许的情况下,由 2 名研究者独立执行上述步骤。⑤快速评价主要采用定性合成的方法,仅有少量采用定量合成。目前尚无公认的快速评价的质量评价方法,且如前文所述,部分快速评价并未对纳入研究进行质量评价。⑥必须选择简明扼要的方式阐述研究结果。⑦快速评价强调时效性,导致科学性和完整性存在潜在风险,需同期设计的动态随访及结果研究不断更新来弥补,也可通过后效评价反映快速评价对决策者的影响。

快速评价的报告规范正在研制中,尚未正式发布,暂且参考 SR 的报告规范。

●（曹卉娟）

复习思考题

1. 简述系统综述类论文中结构式摘要的撰写要点。
2. 简述概况性综述与系统综述在方法上的区别。
3. 简述快速评价与系统综述在方法上的区别。

ER-14-2

系统综述类
论文举例

第十五讲

投稿技巧与注意事项

> **学习目标**
>
> 1. 掌握投稿注意事项,禁止一稿多投。
> 2. 熟悉科技期刊的分类。
> 3. 了解常用的投稿技巧。

一、概述

中医学术论文撰写完成后,就要考虑如何投稿。中医、中药、针灸、中西医结合学术期刊已经超过 150 种,加之部分医学院校学报与综合性大学学报医学版也刊登少量的中医论文,致使难以选择目标期刊。学术期刊分为一级(或国家级)核心期刊、核心期刊、非核心期刊、国家级杂志,而目前的考核、评估与晋升职称大多需要核心期刊论文。因此,掌握中医论文投稿技巧,根据所撰写论文的学术水平与体裁选择合适的期刊与栏目,同时还应考虑期刊的级别、出版周期、版面费用高低、有无审稿费、审稿时间、投稿方式等,并结合个人需要,对于论文能否尽早地在核心期刊上刊登具有重要的意义。

二、投稿技巧

1. 详细阅读期刊稿约或投稿须知   稿约或投稿须知是中医药学术期刊的投稿公告或告示,仔细阅读,了解撰写要求、期刊特色及偏重,根据论文内容投寄到适合刊登的期刊上,或根据期刊栏目特色量身打造论文,以达到发表的目的。如《中华中医药杂志》刊登的内容涵盖中医、中药、针灸、中西医结合、民族医药等领域,优先刊登国家级、省部级攻关课题及国际合作项目的前沿论文,每年还组织评选优秀博士生优秀论文并出版"全国中医药博士生优秀论文专辑";《中医杂志》主要栏目有学术探讨、当代名医、思路与方法、循证中医药、临床研究、实验研究、文献研究、临证心得、综述、百家园、标准与规范等;《北京中医药大学学报》辟有引航之声、专家述评、理论研究、中药药理、针灸、中医体质、临床研究、文献研究、中药化学等特色栏目;《中国针灸》特色栏目有经络与腧穴、医案选辑、理论探讨、针家精要、特色疗法等;《中国中西医结合杂志》设有述评、专家论坛、专题笔谈、思路与方法学、临床试验方法学、病例报告、中医英译等栏目,并注明述评、专家论谈及专题笔谈主要为约稿;《中草药》特色栏目有中药现代化论坛、药事管理、数据挖掘与循证医学研究、新产品、新设备、企业介绍等;《中国中药杂志》特色栏目有资源与鉴定、制剂与炮制、药事管理等;《中成药》特色栏目有成分分析、药材资源、制剂、质量等;《中国实验方剂学杂志》以方剂学和中药炮制学研究为特色,特色栏目有经典名方、配伍、药理、毒理、药物代谢、药剂与炮制、资源与质量评价、数据挖掘等;《中药材》主要报道中药材的种(养)技术(GAP)、资源开发和利用、药材的加工炮制与养护、鉴别、成分、药理、制剂、临床用药等方面的研究论文。

2. 选择对口专业期刊投稿 中医药学术论文可发表在中医、中药、针灸、中西医结合期刊及其众多的相关期刊上,因此投稿一定要选择专业对口的期刊,如中医专业论文可优先投寄中医类期刊,而《中成药》《中药材》《中国中药杂志》及部分医学院校学报、综合性大学学报医学版及特种医学期刊的部分栏目也刊登少量的中医专业论文,因此剑走偏锋,大胆给部分相关或有关期刊投稿,会收到意想不到的结果。中医药文化与哲学论文可优先选择《中华中医药杂志》《中国中医基础医学杂志》《北京中医药大学学报》《中医药文化》等。中医护理论文可以选择《中华护理杂志》《时珍国医国药》《辽宁中医杂志》《中国实用护理杂志》《护士进修杂志》《解放军护理杂志》《上海中医药大学学报》《贵阳中医学院学报》《北京中医药》《四川中医》《光明中医》等。又如中药论文投寄生物科学、化学、食品类期刊及综合性大学学报,也有可能刊出。故投稿时也不应忽视相关或有关期刊。

3. 选择适宜栏目投稿 每种期刊所设立的栏目不尽相同,或偏重理论探讨,或重视临床报道与经验总结,或注重实验研究,或中西医结合并举,或具专业与地方特色等,因此撰写论文及投稿时应有针对性,选择特色栏目或相关栏目,有利于发表。如理论研究论文与学术争鸣论文可以选择《中医杂志》《中华中医药杂志》《北京中医药大学学报》《中国中医基础医学杂志》《中国针灸杂志》《中国中西医结合杂志》等;临床研究或报道论文可以选择《中医杂志》《新中医》《辽宁中医杂志》《时珍国医国药》《中国中医基础医学杂志》等;实验研究论文可以选择所有的中医药期刊、部分医学院校学报或综合性大学学报医学版,《中成药》《中药材》《中国中药杂志》也有临床报道栏目;《中医杂志》专设病例讨论栏目等。

4. 根据期刊分类投稿 目前中国学术期刊分为中文核心期刊与中国科技核心期刊两大类。由北京大学图书馆、中国人民大学图书馆、清华大学图书馆、北京师范大学图书馆、北京大学医学图书馆、中国农业大学图书馆、北京科技大学图书馆、中国科学院国家科学图书馆、中国社会科学院文献信息中心、中国学术期刊(光盘版)电子杂志社、中国人民大学书报资料中心等26个单位102位专家和工作人员、全国5 529位学科专家参加评审的《中文核心期刊要目总览》中所列的期刊被统称为中文核心期刊,简称核心期刊。但有关部门在晋升职称、专业考核或考评、重点学科评估、申请硕士与博士学位授予权,以及申报硕士研究生导师与博士研究生导师、学术与学科带头人、中青年骨干教师、有突出贡献专家等过程中,将由一级学会或国家部委、局主办或主管的核心期刊称为一级(或国家级)核心期刊。《中文核心期刊要目总览2023版》中的中医、中药、针灸推拿、中西医结合类中文核心期刊有:《中国中药杂志》《中草药》《中国实验方剂学杂志》《针刺研究》《中华中医药杂志》《中医杂志》《中国中西医结合杂志》《中国针灸》《北京中医药大学学报》《世界科学技术·中医药现代化》《中成药》《中药材》《中药新药与临床药理》《时珍国医国药》《中华中医药学刊》《南京中医药大学学报》《中药药理与临床》《世界中医药》《辽宁中医杂志》《天然产物研究与开发》。

作者在投稿时应根据论文学术水平,参考中文核心期刊目录,并结合本单位或本地区的实际情况,首选一级(或国家级)核心期刊,其次是核心期刊或本专业权威的期刊。但也有人提出,虽然中文核心期刊对学术论文具有一定的评价功能,但核心期刊与论文学术水平之间不存在对应关系,因此应正确认识核心期刊与学术论文水平的关系。

5. 根据论文篇幅投稿 中医论文若篇幅较长,又偏重学术研究,宜投中医药研究院或中医药大学学报、医学院校学报或综合性大学学报医学版,容易发表。篇幅较短的中医论文,宜投中医、中药、针灸、中西医结合等专业期刊,容易发表。

6. 根据审稿费与版面费用投稿　大多数期刊不收审稿费,但个别期刊每篇文章收 20～100 元不等的审稿费,多数是 20～50 元。如果投稿同时不寄审稿费,所投寄的论文就不能进入审稿程序,因此投稿之前应详细阅读所投期刊的投稿须知或稿约,了解审稿费收费数目,然后汇款。学生投稿可优先选择不收审稿费的同类期刊。

当论文通过终审后,编辑部会给你发出录用通知、版面费、发表时间。版面费与论文篇幅有关,但与期刊的级别无关。核心期刊版面费不一定高,非核心期刊的版面费并不一定低,个别非核心期刊版面费甚至会高出核心期刊 1～2 倍。目前不收版面费的期刊极少,少部分期刊收版面费并给予稿酬。因此投稿前应向有经验的作者进行咨询,优先考虑向少收版面费的中文核心期刊投稿。

7. 根据投稿方式投稿　目前许多期刊已采用在线投稿系统进行投稿,还可以随时查询审稿过程与结果,方便快捷,颇受青睐。但是临床研究或报道论文、实验研究论文需要附投稿介绍信,以证明论文的真实性与可靠性。因此投稿时还要咨询投稿介绍信是否可用扫描件,否则就要寄纸质投稿介绍信。部分期刊用电子信箱投稿,极少数期刊仍旧采用传统邮寄方法。

8. 根据审稿时间与出版周期投稿　大多数期刊收到稿件后,会给作者发收到论文的信息,并附上论文的编号,以便作者查询审稿结果。但个别期刊不发论文编号通知,应注意自己查询。一般情况下论文审稿时间为 3 个月,若 3 个月后没有接到录用通知,作者可改投他刊,以免延误。

期刊出版周期各不相同,有旬刊、半月刊、月刊、双月刊、季刊,如《中国实用护理杂志》为旬刊,《中国中药杂志》为半月刊,《广西中医药》为双月刊,《成都中医药大学学报》为季刊,其他多数为月刊。因此投稿时应选择审稿时间短、出版周期短的核心期刊,以突出论文的时效性。一般情况下,从论文投稿成功到刊登出来大约需要 1 年,速度快者半年可以刊登出来。

如果论文是报道具有国际领先水平的创新性科研成果或国际首报,可投寄给辟有"快速通道"栏目的期刊,可优先快速发表。如《中国中西医结合急救杂志》就开辟有"快速通道",但要作者提供关于论文创新性的说明,并附加 2 份不同单位的专家审议单和查新报告,符合标准的可快速审核,随时刊用。也有部分期刊为满足作者的紧急或特殊需要,通过增收加急费的方式提前发表论文。

9. 中医药英文论文　中医药英文论文投稿时国内可选择《中国中西医结合杂志》《中医杂志》《中国针灸》《中草药》等英文版。国外可选择《替代医学评论》(*Alternative Medicine Review*)、《循证补充替代医学》(*Evidence-Based Complementary and Alternative Medicine*)、《植物药学》(*Phytomedicine*)、《民族药理学杂志》(*Journal of Ethnopharmacology*)、《英国补充和替代医学》(*BMC Complementary Medicine and Therapies*)、《癌症综合治疗》(*Integrative Cancer Therapies*)、《美洲中国医学杂志》(*The American Journal of Chinese Medicine*)、《欧洲结合医学杂志》(*European Journal of Integrative Medicine*)等结合或替代类杂志,为 SCI 收录源期刊。

10. 投稿应附介绍信　中医、中西医结合类临床研究与报道、实验研究论文,特别是涉及各类基金资助课题内容的论文投稿时应附第一作者所在单位介绍信,证明作者年龄、学历与学位、职称、职务、研究方向,是否属于基金资助项目(应附课题编号),何时通过鉴定或验收,论文内容是否属实,数据是否准确,是否涉及保密,署名有无争议,是否投其他公开发行刊物,有无一稿两投现象等。需要用专用的投稿介绍信填写,不能简单地在论文首页签上"同意"或"属实"并盖上单位公章。

11. **禁止一稿多投** 一稿多投有违学术道德,尤其是一稿被2家期刊同时刊出,就会被期刊列入黑名单,甚至专门刊登该文系重复发表的声明,并在2年或更长的时间内拒绝刊登该作者的任何来稿,而且还会受到社会的谴责。另外,一篇论文若同时投寄多个期刊,可能会先收到非中文核心期刊的录用通知,后收到中文核心期刊的录用通知。因为部分非核心期刊的审稿时间最快可以缩短至2~4周,甚至未经过专家评审;而核心期刊稿件来源丰富,审稿严格,重视论文学术质量,其处理周期较非核心期刊长,有时可长达1年以上,录用通知发放较迟。因此欲使论文在中文核心期刊上发表,还需要耐心等待,经常向编辑部查询刊出时间,否则愿望难以实现。若先将论文发表费(版面费)汇给非核心期刊或论文已在非核心期刊上发表,又收到核心期刊的录用通知,则后悔莫及。

还需要指出的是,参加学术研讨会并结集出版、公开发行的大会论文,如果同时向期刊投稿,目前属于一稿多投。

总之,投稿时应详细阅读期刊稿约或投稿须知,选择专业对口或相关及相近、审稿及出版周期短、不收或少收审稿费、版面费较低、投稿方式快速简便的核心期刊或其他合适的期刊栏目,并附投稿介绍信,有利于高质量中医论文能够在高水平的期刊上尽早发表。

稿约或投稿须知举例

◆《中华中医药杂志》稿约

《中华中医药杂志》原名《中国医药学报》,是中国科学技术协会主管、中华中医药学会主办的中医药学术期刊,是中国科学技术协会所属的自然科技期刊中反映中医药研究进展的中医药学科杂志,现为中国科技核心期刊、中文核心期刊、T1级期刊、卓越期刊,加入中国科学引文数据库(CSCD)、日本科学技术社数据库、美国《化学文摘》(CA)、波兰《哥白尼索引》(IC)、英国《国际农业与生物科学研究中心》(CABI)、世界卫生组织(WHO)西太平洋地区医学索引(WPRIM)等。

本刊倡导"自省合真、仁心雕龙"的精神,以"把握前沿、探索未知、引领学术、促进发展"为宗旨,坚持"继承与发展并重、中医与中药并重、理论与实践并重"的原则,全面报道中医药临床、科研的新思路、新观点、新技术、新成果,交流国内外中医药学术信息,开展学术争鸣与讨论,以引导学术潮流为己任,继承与发展中医药学术、提高健康服务水平。本刊主要设有仁心雕龙、述评、论著、临证经验、学术流派、标准与规范、专题讲座、思路与方法、综述、研究报告、临床报道、学术动态等栏目。

来稿须符合科技期刊出版伦理规范以及本刊体例的要求。论著类主题明确,思路清晰,重点突出,文字简练。研究类科研设计合理,实验观察客观,数据真实准确,正确选择统计分析方法及使用统计描述。全文(包括图表和参考文献)一般不超过4 000字,综述不超过5 000字。凡具有重大意义或属于国际竞争的,请予说明。各级科研基金资助项目,请于文题页"关键词"下方以"基金资助"标明,并写明课题编号,如"基金资助:×××基金课题(No.×××)",并请发送课题批件扫描件以便核实。本刊优先刊登国家级、省部级攻关课题及国际合作项目的论文。论文刊出后,课题获国家级、省部级以上奖励者,请将获奖证书复印件寄至本刊。

来稿一经本刊接受发表,意味将论文的汇编权、翻译权及外文版、印刷版和电子版的复制权、网络传播权、发行权等专有使用权自动转让本刊,未经书面许可,不得任意转载和摘编。若作者不同意,投稿时应声明,未作声明者视为同意。本刊发表的论文受版权保护。

注意投稿请通过《中华中医药杂志》社官网"作者在线投稿"入口,网址:http://www.zhzyyzz.com。

为减少不必要的错误,投稿前请您详细阅读稿约及稿件书写格式要求:

1. 文题:题名应简洁、确切、醒目,避免使用不常见的缩略词、首字母缩写词、字符、代号和公式等。中文题名一般18个汉字以内;英文题名一般不超过10个实词,第1个单词首字母大写,其余小写(专有词首字母大写),定冠词"the"省略;一般不使用副题名。

2. 作者及其单位:作者一般不超过12名,作者姓名及排序在投稿时确定,在编排过程中不应再作更动。作者单位(使用全称,地区、邮编)加圆括号另列于作者姓名下,不同单位作者右上方加数字上标,以示区别,不同单位以分号分隔。指定通信作者,并补充通信作者详细联系方式(包括具体地址、邮编、固定电话、传真、E-mail等)脚注于文题页。指导者加圆括号列于作者姓名旁,其他要求同作者。作者姓名(汉语拼音,姓在前大写,名连成一词,加英文连字符,不缩写)、单位名称应进行英文翻译(按统一公布名称),作者名应全部列出,其他格式同中文要求。

3. 摘要、关键词及基金资助:中文摘要200~300字,列于关键词前;英文摘要内容与中文摘要对应。摘要按照目的、方法、结果、结论4段格式撰写;指示性摘要可采用一段式撰写。所有文章应附关键词3~8个,且英文关键词应与中文对应。西医学尽量使用最新版中国医学科学院医学信息交流中心编译的《中文医学主题词表(CMeSH)》中的汉译名,关键词中的缩写词应按CMeSH还原为全称,如与全国科学技术名词审定委员会审定《医学名词》(科学出版社,1989年及以后各版)矛盾,以后者为准;中医药学使用中国中医科学院图书情报研究所《中医药学主题词表》。中医药词语英文翻译参考全国科学技术名词审定委员会审定《中医药学名词》(科学出版社,2005年),以意译、直译相结合,中医药专有词汇建议音译。基金资助要求中英文对照,请查找官方翻译。

4. 引言(或绪论):应言简意赅,不要与摘要雷同。可简要介绍目的、范围、相关领域的前人工作和知识空白、理论基础和分析、研究设想、研究方法和实验设计、预期结果和意义等。"国(内)外未曾报道"应写"笔者未见文献报道"。

5. 正文:一般论文不强调统一格式,临床和实验研究类文稿内容格式宜有共性,必须实事求是,客观真切,准确完备,合乎逻辑,层次分明,简练可读。一级标题用黑体,二级以下标题用"1.""1.1""1.1.1"等标注。

6. 结论:应准确、完整、精练。如果不能得出应有的结论,也可进行必要的讨论。可以在结论或讨论中提出建议、研究设想、改进意见、尚待解决的问题等。

7. 科技名词术语:使用1989年以后科学出版社出版的由全国科学技术名词审定委员会审定的《医学名词》《中医药学名词》和医学相关学科的名词,暂未审定公布者以人民卫生出版社编写的《英汉医学词汇》为准,中医药词语全文应统一。

使用英文缩略语,文内首次出现时,应先注明中文全称,括号内注明英文全称及缩略语。中药一药一名,不可连写,使用2020年版《中华人民共和国药典》名称或常用名,一药多名者,文稿中应统一;如属引用医籍内容,可按原书所用;地方药应加以注释。西药中文名称应按2020年版《中华人民共和国药典》和国家药典委员会《中国药品通用名称》中的化学名,可在括号内标注商品名。草药注明拉丁学名。中医古籍使用全名,如文章内容需要,可标注相关版本信息。

8. 图表、数字及计量单位:图表要求少而精,病理照片应注明染色方法和放大倍数;表格编排采用"三线式",每幅图表冠有图题或表题,表内同一指标的有效位数应一致。正确使用阿拉伯数字及中文数字。采用法定计量单位,按照GB 3100—93(《国际单位制及其应用》)、GB 3101—93(《有关量、单位和符号的一般原则》)。具体可参阅《法定计量单位在医学上的应用》(中华医学会杂志社.3版.北京:人民军医出版社,2001)。

9.符号和缩略词:数字公式、计算式和化学方程式、分子式等均应用符号书写,可另注明所用文种(如拉丁文、希腊文、日文)、字体(正斜体、大小写)和形式(上下角标)等。统计学符号按GB 3358—82(《统计学名词及符号》)的有关规定。

10.参考文献:必须是作者亲自阅读的、对文章有重要参考价值的正式文献,以近期发表文献为主,内部资料、文摘、转载、保密资料、未发表论文等不得作为参考文献引用。本刊不再受理无参考文献的文章。参考文献著录格式采用顺序编码制,文内标注及文后参考文献标注格式参照GB/T 7714—2015(《信息与文献 参考文献著录规则》)及本刊规定,在引文末右上角按顺序用阿拉伯数字加方括号注明,如[1]、[6,15]、[2-5]。日文文献中的汉字不可用我国的简化字代替,可提供参考文献首页复印件以备核实。

参考文献的作者1~3名应全部列出,3名以上作者只列前3名,之后加",等",英文加",et al";外文作者姓列在前,名列在后,且缩写不加缩写点。外文杂志名称按《Index Medicus》中医学期刊名称缩写书写,不加缩写点。示例:

【期刊】作者.文题.刊名,年,卷(期):起页-止页.

[1] 章文春.中医内证体察学的重要地位和作用.中华中医药杂志,2020,35(1):13-15

[2] 郭义,王江,陈波,等.计算针灸学.中华中医药杂志,2020,35(11):5394-5398

[3] 康乐,苗艳艳,苗明三,等.基于调控尿酸转运蛋白的牛膝茎叶总皂苷治疗高尿酸血症肾病大鼠机制研究.中华中医药杂志,2020,35(5):2305-2310

[4] 于佳琦,徐冰,李婉婷,等.两种在线传感器评价中药配方颗粒溶化性研究.中华中医药杂志,2020,35(5):2395-2400

[5] Bahadir M G,Hizir K,Mine G,et al. Bombesin ameliorates colonic damage in experimental colitis. Gig Dis Sci,1999,44(8):1531

【书籍】作者.书名.卷(册)次.版本(第1版不著录,其他版次需著录).出版地:出版社,年份:起页-止页

[1] 清·张锡纯.医学衷中参西录·中册.石家庄:河北科学技术出版社,1985:212-214

[2] 诸国本.建设中国特有的中医药管理体制//崔月犁.中医沉思录(一).北京:中医古籍出版社,1997:213-215

投稿成功后,稿件将请同行专家审阅,并由本刊编委会评审。稿件审理需要一段时间,稿件审核状态请作者在网站自行查询。本刊将参照审稿专家意见给拟刊用的稿件发送退修信,请作者按修改意见在规定时间内将修改稿发回,如超过60天未修回,视为自动放弃,发表需重新投稿。本刊录用的稿件编校后,校样将扫描发送作者,请以红笔直接在校样上校对、修改错误,并在规定的时间内将校样修回。

来稿一经录用,酌收版面费(刊发彩图适当另加印制工本费)。本刊对录用的稿件有权作适当文字删改。发表后赠送当期杂志2本。根据《中华人民共和国著作权法》,结合本刊具体情况,作者投稿到本刊后,如欲投他刊,请先与本刊联系。如发现一稿两投,立即退稿;若发现一稿两用,本刊将刊登该文系重复发表的声明,并在中医药相关杂志通报。若在投稿5个月后未收到录用通知,作者可另投他刊。

联系地址:北京市朝阳区和平街北口樱花路甲4号《中华中医药杂志》社(邮编:100029),联系电话(传真):010-64216650、010-64411621、010-64431681,E-mail:64216650@vip.163.com,网址:http://www.zhzyyzz.com。

◆《中医杂志》投稿须知

《中医杂志》(ISSN 1001-1668,CN 11-2166/R)是由国家中医药管理局主管,中华中医药学会、中国中医科学院主办的国家级综合性中医药学术期刊。办刊宗旨是发扬中医特色,以

中医学术为本,促进中医现代化和中西医结合事业的发展,提高为主,兼顾普及,面向临床,兼重基础理论,努力促进中医药和中西医结合学术的交流与发展。本刊为半月刊,每月2日、17日出版,每期104页,国内外公开发行。

作者在投稿前应仔细阅读本刊稿约,之后的投稿行为即视为对以下所述原则的认可。

1. 主要栏目

《中医杂志》主要栏目有:学术探讨、当代名医、思路与方法、循证中医药、临床研究、实验研究、文献研究、临证心得、综述、百家园、标准与规范、学术争鸣、病例讨论、中医教育等。请阅读以往出版的《中医杂志》了解各栏目刊出文章的内容范围和体例格式。

2. 关于投稿

1）本刊不接受打印稿,所有稿件均通过本刊采编平台投送电子版。作者投稿唯一官方网址:http://www.jtcm.net.cn。本刊未与任何机构合作开展征集稿件事宜,一切声称与本刊合作征稿的行为均为侵权行为,本刊将通过法律途径维护合法权益。

2）本刊不接受一稿两投及重复发表稿件,并对全部来稿进行查重。投稿时须注明该文稿是否已在非公开发行的刊物上发表,或在学术会议交流过。如已用其他文种发表,应同时提供征得首发期刊同意在我刊再次发表的书面授权文件。

3）所投稿件应为作者基于最新学术研究成果撰写的学术论文。稿件内容应具有科学性、创新性和实用性,数据准确,论点明确,文字精练,层次清楚。稿件内容应确保真实,不得存在数据伪造及虚假信息,不得涉及抄袭、剽窃等侵犯他人知识产权的行为。

4）建议投稿时以附件形式上传作者所在单位介绍信及基金项目任务书首页扫描件。

5）根据《中华人民共和国著作权法》并结合本刊实际情况,凡稿件投本刊3个月内未接到处理通知者,系仍在审阅中。作者如欲投他刊,请先与本刊联系从投稿系统中撤稿。

6）依照有关规定,编辑部可对来稿做文字修改、删节,凡有涉及原意的修改,则提请作者考虑。

3. 关于作者

作者是指对论文作出了实质性贡献的自然人、法人或组织。作者署名次序原则上以贡献大小决定排序,由论文全体署名作者在投稿前共同商定,投稿后原则上不得变更。确需变更时应向编辑部说明变更原因并必须提交全部作者亲笔签名同意变更的书面文件。署名作者在2人以上(含2人)及以集体作者署名时,应标注通讯作者。通讯作者应由全体署名作者在投稿前自行确定,按照国际惯例,未标注通讯作者的论文第一作者即为通讯作者。作者须在投稿时按照本刊提供的模板格式提交作者贡献声明,说明每位作者对论文的贡献。

4. 关于稿件评审

本刊实行编辑评审与同行专家评审相结合的审稿制度。同行评审专家均为相关学科具有较强影响力且较为活跃的学者,每篇稿件根据需要选择1~3名同行专家进行评审,并根据稿件内容选择单盲或双盲方法进行评审。审稿过程中编辑部及审稿专家对作者稿件的内容保密。对稿件处理有不同意见者,作者有权申请复议,并提出申诉的文字说明。

5. 关于伦理审查与受试者保护

依据中华人民共和国国家卫生健康委员会公布的《涉及人的生物医学研究伦理审查办法》,报告涉及人的生物医学研究时,需说明所采用的试验程序是否经过国家的或所在机构设立的伦理审查委员会的评估与批准,并注明批准文号。涉及人的生物医学研究包括以下活动:1)采用现代物理学、化学、生物学、中医药学和心理学等方法对人的生理、心理行为、病理现象、疾病病因和发病机制,以及疾病的预防、诊断、治疗和康复进行研究的活动;2)医学新技术或者医疗新产品在人体上进行试验研究的活动;3)采用流行病学、社会学、心理学等方法收集、记录、使用、报告或者储存有关人的样本、医疗记录、行为等科学研究资料的活动。如果所在机构没有正式的伦理委员会,作者需说明研究是否符合世界卫生组织《涉及人的生物医学研究国际伦理准则》和世界医学协会最新修订的《赫尔辛基宣言》的相关规定。

临床研究报告应说明受试者保护情况。在没有获得知情同意的情况下,可辨认身份的信息,包括患者姓名和其首字母缩写,或住院号,都不应在书面描述、照片或遗传谱系中公开,以保护患者的隐私权。

研究对象为实验动物时,应说明是否经过相关伦理委员会审查,或说明是否遵循了国家或机构的有关实验动物管理和使用的规定。

6. 利益冲突声明

作者投稿时需告知与该研究有关的潜在利益冲突,说明可能导致其研究结果和论文撰写产生偏倚的经济关系和私人关系,并对所提供的利益冲突公开声明的真实性负责。同行审稿专家应向编辑部公开任何可能使其对稿件评价产生偏倚的利益冲突,必要时应主动回避对稿件的审阅。

7. 稿件撤销

经证实存在以下行为者,按相关规定及流程对已发表的论文予以撤销并在本刊印刷版及网络版刊登撤稿声明:1)论文存在学术剽窃、数据伪造和篡改等学术不端行为;2)所报道的学术研究违背医学伦理规范;3)重复发表;4)审稿过程中存在出版伦理问题;5)由于作者主观故意或非主观故意的错误导致该论文所报道的发现和结果不可信;6)存在违反法律、法规的问题。

8. 论文著作权转让

来稿一经接受,由全体作者亲笔签署《著作权转让授权书》,论文的专有使用权归中医杂志社所有,中医杂志社有权以电子期刊、光盘版、移动终端等其他方式出版所刊登的论文,未经中医杂志社同意,该论文的任何部分不得转载他处。如有不同意见请在投稿时说明。

9. 稿件具体要求

1) 文题

文题应简明扼要,重点突出。一般以20个汉字以内为宜,尽量不用缩略语。

2) 基金项目

稿件属于基金论文的,应注明基金项目来源及编号。项目来源应按国家有关部门规定的正式名称书写,并须提供基金项目任务书及其他相关证明材料。

3) 著者

著者姓名在文题下按序排列,排序应在投稿时确定。投稿时应注明著者职称、主要研究方向、所属单位全称、所在科室及详细地址、邮政编码、联系电话;1个以上著者时请注明通讯作者姓名及联系方式(电子信箱、电话号码)。

4) 摘要

论著类稿件须附中英文摘要。论文的摘要应具有独立性和自明性,即不阅读全文,就能获得必要的信息。其中临床研究、实验研究论著应按照目的、方法、结果、结论的结构编写摘要,其他论著应附指示性摘要。摘要字数一般以200~300个汉字为宜。中文摘要一般使用第三人称撰写,不列图、表,不引用文献,不加评论和解释。摘要中首次出现的缩略语、代号须注明全称或加以说明。英文摘要一般与中文摘要内容相对应。

5) 关键词

关键词是指论文中最能反映主题信息的特征词或词组。关键词标引原则是以主题词为主,若无相对应的主题词可直接选用规范学术名词作为自由词进行标引。关键词应使用全称,不用非公知公认的缩写。一般每篇论文标注 3~8 个关键词,有英文摘要的论文,应标注与中文对应的英文关键词。

6) 数字与计量单位

数字用法执行《出版物上数字用法》(GB/T 15835—2011)。物理量量值必须用阿拉伯数字,并正确使用法定计量单位。如:150km、600mg、39℃等。计量单位执行中华人民共和国国家标准《国际单位制及其应用》(GB 3100—1993)。

7) 统计学符号

按《统计学名词及符号》(GB 3358—82)的有关规定书写,常用符号举例如下:样本的算术平均数用英文小写 m(中位数用 M);标准差用英文小写 s;标准误用英文 SE;t 检验用英文小写 t;F 检验用英文大写 F;卡方检验用希文小写 χ^2;相关系数用英文小写 r;自由度用希文小写 ν;概率用英文大写 P(P 值前应给出具体检验值,如 t 值、χ^2 值、q 值等)。以上符号均用斜体。

8) 图表

表格一般采用三横线表格式。论文中使用的图片应另附单独的图片文件,并且分辨率不低于 300dpi。每幅图(表)应有独立、完整的图(表)题并有序号。图表中涉及数量值的应标明数值的计量单位。其他说明性的文字应置于图(表)下方注释中,并在注释中标明图表中使用的全部非公知公用的缩写。

9) 参考文献

作者引用已发表的文章中的内容须按规定正确标注参考文献。每篇稿件参考文献数量一般应不少于 5 条。参考文献采用顺序编码制。著录格式参考《信息与文献 参考文献著录规则》(GB/T 7714—2015)。文中参考文献角码依照其出现的先后顺序用阿拉伯数字加方括号在正文右上角标出。同一文献作者不超过 3 人全部著录,超过 3 人只著录前 3 人,后加",等"。中文期刊用全称,外文期刊名称缩写以 Index Medicus 格式为准。

10. 其他说明

1) 本刊不指定个人接受与业务工作相关的汇款,涉及财务事项请认准本社对公账号。

2) 稿件刊登后将寄赠第一作者当期杂志 1 册。

3) 编辑部联系方式

地址:北京市东直门南小街 16 号

邮政编码:100700,电子信箱:jtcmcn@188.com

联系电话:(010)64089195,(010)64035632

官方网址:http://www.jtcm.net.cn

◆《中国中西医结合杂志》稿约

1. 本刊是中国科协主管,中国中西医结合学会和中国中医科学院主办的全国性中西医综合性学术期刊,主要宣传党的中医政策和中西医结合方针,报道我国中西医结合在临床、科研、教学等方面的经验和成果,探讨中西医结合的思路与方法;介绍循证医学研究成果和国内外本专业的进展,开展学术讨论和争鸣,为提高中西医结合理论和实践水平,传承和发展我国传统医药学,促进我国医学科学现代化,为保障人民健康服务。

2. 本刊设有述评、专论、专题笔谈、临床论著、基础研究、临床经验、学术探讨、思路与方法学、临床试验方法学、综述、病例报告、中医英译及会议纪要等栏目。以提高为主,兼顾普及,侧重临床,重视实验研究。述评、专论及专题笔谈主要为约稿,但也欢迎来稿。本刊对所有来稿均采用同行审稿的方式进行公正、公平地审定以确定录用与否。

3. 文稿应具有科学性和实用性,论点明确、资料可靠、文字精练,层次清楚、数据准确,统计学处理正确。提倡研究方案注册。报告以人为研究对象的试验时,应说明是否获得有关伦理委员会的批准,是否取得受试对象的知情同意书。除非必要,否则应删除可辨认患者身份的细节。刊用人像应征得本人书面同意,或遮盖其能被辨认出系何人的部分。动物为对象的实验报告,应说明是否获得有关伦理委员会的批准,遵循单位或国家有关实验动物保护与使用的准则。稿件文题力求简明、醒目,反映出文章的主题。中文文题一般以20个汉字以内为宜。

4. 作者姓名在文题下按序排列,排序应在投稿时确定,在修稿过程中不应再做更改;作者单位名称和邮政编码脚注于同页下方,并注明通讯作者的姓名、电话及E-mail地址。作者应是:(1)参与选题和设计,或参与资料的分析和解释者;(2)参与研究过程的实施者;(3)起草或修改论文中关键性理论或其他主要内容者;(4)能对编辑部的修改意见进行核修,在学术界进行答辩,并最终同意该论文发表者。以上4条均需具备。如需注明致谢者,则于文末参考文献前列出。

5. 论文所涉及的课题如为国家或部、省级以上基金或攻关项目,应脚注于文题页左下方,如"基金项目:国家自然科学基金资助项目(No.69788090)",作为脚注第1项,并附基金证明复印件。如有获奖,请附获奖证书复印件。

6. 文稿须附有中、英文摘要及2~5个关键词。临床论著、基础研究文稿摘要按目的、方法、结果、结论4段格式撰写。学术探讨、思路与方法学等其他文稿不采用结构式摘要。

7. 论文格式请参考本刊同栏目体例格式及相应报告核对清单,详细体例格式及核对清单可在本刊网站下载。

8. 所用名词术语采用国家公布或已通用者为准。中外医学名词使用全称,用英文简称时,在首次出现时应用中英文全称。中药请用通用名称,草药要注明拉丁学名,西药在商品名之后注明化学名。计量单位实行《中华人民共和国法定计量单位》,并以单位符号表示。

9. 正确使用标点符号,数字、图表须核实无误,每幅图表冠有图题或表题,表内数据要求同一指标有效位数一致,线条图高宽比例为5:7,病理照片要求注明染色方法和放大倍数。

10. 参考文献依照其在文中出现的先后顺序用阿拉伯数字加方括号以角码标出,不可引用内部资料,参考文献的作者1~3位者全部列出,3位以上者只列前3位,后加", 等",每条期刊参考文献均须与原文核对无误。将参考文献按引用先后顺序用阿拉伯数字标出排于文末。

文献著录参考 GB/T 7714—2015《信息与文献 参考文献著录规则》,格式如下:

【期刊】作者.文题[文献类型标志].刊名(外文缩写按 Index Medicus 格式),年,卷(期):起页-迄页.举例:

[1] 项阳,钱学林,王宝恩,等.百草柔肝胶囊逆转肝纤维化和早期肝硬化的临床研究[J].中国中西医结合杂志,1999,19(12):709-711.

[2] Buxton AE,Lee KL,Fisher JD,et al. A randomized study of the prevention of sudden death in patients with coronary artery disease[J]. N Eng J Med,1999,341(25):1882-1890.

【书籍】作者.书名[文献类型标志].版次.出版地:出版者,年:起页-迄页.举例:

[1] 季钟朴主编.现代中医生理学基础[M].北京:学苑出版社,1991:282-284.

[2] Hazzard WR,Blass JP,Ettinger WH,editors. Principles of geriatrics medicine and gerontology[M].4th ed. NewYork:The McGraw-HillCo. ,1999:867-880.

11. 来稿须附单位推荐信,推荐信应注明对稿件的推荐原因,以及无一稿两投、不涉及保密、署名无争议。作者需遵守学术伦理规范,对于剽窃、伪造论文,所有相关作者的当前投稿都予以退稿处理。根据著作权法,并结合本刊具体情况,凡来稿在接到本刊的回执后满 3 个月未接到稿件处理通知者,系仍在审阅中,作者如欲投他刊,请与本刊编辑部联系,勿一稿两投。来稿在接到本刊拟录用通知后满 12 个月,未接到稿件进一步处理通知者,系仍在排期,作者可改投他刊,并请通知本刊编辑部。

12. 来稿一律文责自负。依照《著作权法》有关规定,本刊可对来稿做文字修改、删节,凡有涉及稿件原意的修改,则提请作者考虑。作者修改稿件逾 2 周不发回者,视为自动撤稿。

13. 来稿须付稿件审理费,每篇稿件 100 元。稿件确认刊载后需按通知数额付版面费,刊印彩图者需另付彩图印制费。稿件刊登后酌致稿酬(已含光盘版和网络版稿酬),并赠当期杂志。

14. 稿件将请同行专家评审,并由本刊编委会决定取舍。作者亦可提供 2~3 名同行专家名单(提供详细通讯地址、邮政编码、电话及传真或 E-mail 地址),也可提出要求回避的同行专家名单,以备参考。

15. 来稿一经接受刊登,由作者亲笔签署论文专有使用权授权书,专有使用权即归中国中西医结合杂志社所有,中国中西医结合杂志社有权以电子期刊、光盘版等其他方式出版接受刊登的论文,未经中国中西医结合杂志社同意,该论文的任何部分不得转载他处。

16. 作者投稿请登录本刊网站,网址 http://www.cjim.cn/zxyjhcn/zxyjhcn/ch/index.aspx,投稿时请一并提交论文单位介绍信、基金首页及伦理学审批文件;电子邮件投稿不受理,网上投稿者请勿再邮寄纸质稿件。

17. 作者登录网站注册后按照要求投稿,成功后等待审稿处理。初审 10 个工作日,同行评议 2 个月,终审 10 个工作日。如对退稿意见有异议,请按退稿函中的说明进行退稿申辩。

18. 通讯地址:北京海淀区西苑操场 1 号中国中西医结合杂志社(邮政编码:100091)。电话:010-62886827,010-62877592;传真:010-62876547-815;E-mail:cjim@ cjim. cn;网址:http://www. cjim. cn

◆《中国中药杂志》投稿须知

1. 投稿要求

投稿请登录中国中药杂志网站 www.cjcmm. com. cn,要求数据可靠,论点明确,结构严密,层次分明,文字精炼。来稿请勿两投,并注意保密审查。

2. 写作要求

2.1 文题、作者及单位　列出文题、作者姓名、工作单位(全称)、地名(省市、县)及邮政编码。不同工作单位的作者,应在姓名右上角加注阿拉伯数字序号,并在工作单位名称之前加与作者姓名序号相同的序号;责任作者(通信作者)应右上角加注＊号,中英文信息统一。

2.2 基金项目及作者简介　文章开头处注明[基金项目](注明项目类别及编号)、[通信作者](包括 Tel,E-mail)。可简明写出第一作者及通信作者简介,内容包括职务、职称、主要研究方向等。

2.3 摘要、关键词　投稿论文均应附中英文摘要、关键词(8 个以内),不必按照"目的""方法""结果""结论"四要素撰写。多个关键词之间应用分号分隔。中英文摘要字内容统一。

2.4 前言　应概述本研究的理论依据、实验基础、研究方法及其文献来源,以及国内外相关领域内前人所做的工作及研究概况,明确提出本文的目的。注意尽量避免与文题及摘要文字上的雷同。

2.5 正文　层次序号用 1…… 1.1…… 1.1.1……表示。层次序号后写明各层次标题。

2.6　实验材料　写明实验材料来源、批号及合格证号等。论文中实验药材的原植（动、矿）物名称要求使用《中国药典》2020 年版所规定的名称，并注明鉴定人姓名、职称及其工作单位。处方需写出全部药物组成、剂量及主要制备工艺。写明实验主要仪器设备名称、型号、生产厂家及试剂的规格。实验动物要补充许可证号及伦理审核编号。

2.7　数字与有效数字　数字作为量词及序词，一律用阿拉伯数字，但古籍文献的卷次、页码，农历及我国清代以前的历史纪年用汉字。固定词语中作词素的数字用汉字，如二倍体、十二指肠等。应注意有效数字的取舍，测得的数据不得超过其测量仪器的精密度。作者应认真核实，确保来稿中各项数据的准确无误。

2.8　计量单位和符号　遵照国家法定标准及有关国际规定规范使用量和单位的名称、符号，如：L（升），s（秒），min（分钟），h（小时），d（天），lx（勒［克斯］）等。浓度单位用摩尔浓度表示，如：1M 硫酸应为 $1mol \cdot L^{-1}$ 硫酸；1N 硫酸应为 $0.5mol \cdot L^{-1}$ 硫酸；RSD（相对标准偏差）不用 CV（变异系数）；A（吸收度）不用 OD（光密度）；μg，μL 或 μm，不用 u；$r \cdot min^{-1}$（转速）不用 rpm；压力单位应换算为 Pa 或 kPa；血压单位可用 mmHg 表示，但第 1 次出现时应注明与 kPa 的换算关系；土地面积单位应将"亩"换算为 m^2 或 hm^2；表示微量物质含量的 ppm 应写成 10^{-6}；以往用来表示化学位移量值的 ppm 也应废弃，如 $\delta = 2.5ppm$ 应写作 $\delta = 2.5$，等等。请注意数与其单位之间均应空 1 格。

2.9　图表　力求少而精，能用文字简要说明者尽量不用图表，文字与图表不应重复表达。图、表应自明。图题、表题用中英文双语表述。图和表中的量与单位表示法应为量的名称或符号在前，单位符号在后，其间用斜线相隔，如 t/min。请尽量提供原图或其复印件，照片用黑白片，显微镜照片应具长度标尺。如需要以彩色图片形式印刷，需加收发表费以弥补制片和印刷成本。表格用三线表，栏目项不应有空缺。表中显著性差异用数字+半括号上标表示，另需注意文中对结果描述应与图表一致。

2.10　讨论　简明扼要，重点突出，主要阐述本研究的新发现、结果分析及存在问题等，应避免不成熟的论断。

2.11　参考文献　依在文中出现的顺序于上角方括号内标明序号。应尽量引用近期公开发表的原始文献，勿引用内部资料。综述性文章尽量引用 10 年以内的文献。作者应对所引文献的准确性和完整性负责。国外参考文献一律用原始文种著录，作者姓名均为姓在前，名在后（不加缩写点），英文作者姓氏字母全部大写，名仅保留首字母大写；英文杂志名使用缩写（不加缩写点）；日文不可用中文简化字。作者 3 人以内全写，3 人以上在第 3 作者之后加"等"。页码仅标注文献的起始页。具体写法请参看本刊。

主要的文献类型标识如下：期刊［J］，论著［M］，标准［S］，学位论文［D］，专利［P］，新闻［N］，论文集［C］，特殊类型：中国药典［M］。

3.　审稿程序

本刊免收审稿费，请投稿时选择相关栏目，栏目责任编辑联系方式请在本刊网站"联系我们"中查询。对决定刊用的稿件，编辑部有修改权，并请作者签订版权转让协议书。修改 2 个月逾期不回，作自行退稿处理。来稿一经发表，本刊将寄赠通信作者当期杂志 2 本。

4.　注意事项

本刊已加入《中国学术期刊（光盘版）》等，来稿一经刊用，本刊即拥有其在所有媒介再次发表的权利，作者如不同意可事先声明。作者著作权使用费与本刊稿酬将在我刊刊用后一次性给付。

（马艳春）

复习思考题

1. 简述科技期刊的投稿技巧。
2. 简述投稿应该注意的事项。

◇◇◇ 附　　录 ◇◇◇

中医、中药、针灸与中西医结合中文核心期刊

（《中文核心期刊要目总览》北京大学出版社2023年版）

◆ 中草药

主办单位：天津药物研究院、中国药学会

国内统一刊号：CN 12-1108/R

国际标准刊号：ISSN 0253-2670

主要栏目：中药现代化论坛、专论、综述、药事管理、数据挖掘与循证医学研究、新产品、新设备、企业介绍、学术动态和信息等。

◆ 中国中药杂志

主管单位：中国科学技术协会

主办单位：中国药学会

国内统一刊号：CN 11-2272/R

国际标准刊号：ISSN 1001-5302

主要栏目：专论、综述、研究论文、研究报告、临床、技术交流、学术探讨、资源与鉴定、制剂与炮制、药事管理、经验交流、信息等。

◆ 针刺研究

主管单位：国家中医药管理局

主办单位：中国中医科学院针灸研究所、中国针灸学会

国内统一刊号：CN 11-2274/R

国际标准刊号：ISSN 1000-0607

主要栏目：机制探讨、临床研究、针刺麻醉、经络与腧穴、理论探讨、思路与方法、文献研究等。

◆ 中国实验方剂学杂志

主管单位：国家中医药管理局

主办单位：中国中医科学院中药研究所、中华中医药学会

国内统一刊号：CN 11-3495/R

国际标准刊号：ISSN 1005-9903（print），2097-1494（online）

主要栏目：专论、经典名方、配伍、药理、毒理、临床、药物代谢、药剂与炮制、资源与质量评价、数据挖掘、综述，以及相关中医药研究专题等。

◆ 中国中西医结合杂志

主管单位：中国科学技术协会

主办单位：中国中西医结合学会、中国中医科学院

国内统一刊号：CN 11-2787/R

国际标准刊号：ISSN 1003-5370

主要栏目：述评、专题笔谈、专家论坛、临床论著、基础研究、学术探讨、临床试验方法学、思路与方法学、中医英译、综述、临床报道、病例报告、继续教育园地等。

◆ 北京中医药大学学报

主管单位：教育部

主办单位：北京中医药大学

国内统一刊号：CN 11-3574/R

国际标准刊号：ISSN 1006-2157

主要栏目：引航之声、专家述评、理论研究、中药药理、针灸、科技之窗、中医体质、临床研究、文献研究、中药化学等。

◆ 中华中医药杂志

主管单位：中国科学技术协会

主办单位：中华中医药学会

国内统一刊号：CN 11-5334/R

国际标准刊号：ISSN 1673-1727

主要栏目：仁心雕龙、述评、论著、临证经验、学术流派、标准与规范、专题讲座、思路与方法、综述、研究报告、临床报道、学术动态等栏目。

◆ 中医杂志

主管单位：国家中医药管理局

主办单位：中华中医药学会、中国中医科学院

国内统一刊号：CN 11-2166/R

国际标准刊号：ISSN 1001-1668

主要栏目：学术探讨、当代名医、思路与方法、循证中医药、临床研究、实验研究、文献研究、临证心得、综述、百家园、标准与规范等。

◆ 中成药

主管单位：上海市卫生健康委员会

主办单位：国家药品监督管理局信息中心中成药信息站、上海中药行业协会

国内统一刊号：CN 31-1368/R

国际标准刊号：ISSN 1001-1528

主要栏目：制剂、质量、药理、综述、临床、成分分析、医院药房、药材资源等。

◆ 中药材

主管单位：国家药品监督管理局

主办单位：国家药品监督管理局中药材信息中心站

国内统一刊号:CN 44-1286/R

国际标准刊号:ISSN 1001-4454

主要栏目:栽培与饲养、资源与鉴别、加工炮制与养护、化学成分、质量分析、临床用药等。

◆ 中国针灸

主管单位:中国科学技术协会

主办单位:中国针灸学会、中国中医研究院针灸研究所

国内统一刊号:CN 11-2024/R

国际标准刊号:ISSN 0255-2930

主要栏目:临床研究、临证经验、机制探讨、经络与腧穴、医案选辑、理论探讨、针家精要、学术争鸣、百家园、特色疗法等。

◆ 中药药理与临床

主管单位:四川省中医药管理局

主办单位:中国药理学会、四川省中医药科学院

国内统一刊号:CN 51-1188/R

国际标准刊号:ISSN 1001-859X

主要栏目:名方研究、实验研究、临床研究、实验方法以及综述等。

◆ 世界科学技术-中医药现代化

主管单位:中国科学院

主办单位:中国科学院科技战略咨询研究院

国内统一刊号:CN 11-5699/R

国际标准刊号:ISSN 1674-3849

主要栏目:中药研究、中医研究、思路与方法、技术应用研究、经络针灸学研究、民族医药、中医药大数据应用等。

◆ 中药新药与临床药理

主管单位:广东省教育厅

主办单位:广州中医药大学、中华中医药学会

国内统一刊号:CN 44-1308/R

国际标准刊号:ISSN 1003-9783

主要栏目:药效与毒理学研究、药物动力学研究、化学成分研究、质量分析研究、工艺研究、方法学研究、动物模型研究、不良反应与合理用药、专家评述、临床药理研究、中药现代化、中药指纹图谱研究、新技术与新方法、学术探讨、综述等。

◆ 南京中医药大学学报

主管单位:江苏省教育厅

主办单位:南京中医药大学

国内统一刊号:CN 32-1247/R

国际标准刊号:ISSN 1672-0482

主要栏目:临床研究、实验研究、名老中医学术传承、学术探讨、数据挖掘等。

◆ 中华中医药学刊

主管单位:国家中医药管理局

主办单位:中华中医药学会

国内统一刊号:CN 21-1546/R

国际标准刊号:ISSN 1673-7717

主要栏目:国家项目点击、省级项目平台、临床研究传真、博士导师新论、中药研究扫描、专家经验论坛、基础研究、药效学研究、针灸推拿聚英、中华名医经典、博士课题网络等。

◆ 时珍国医国药

主管单位:湖北省黄石市卫生局

主办单位:时珍国医国药杂志社

国内统一刊号:CN 42-1436/R

国际标准刊号:ISSN 1008-0805

主要栏目:药理药化、临床报道、中医现代研究、炮制与制剂、资源开发、名家名流、教学实践与改革、国药鉴别、药事管理、李时珍研究、食疗与护理、中西医结合等。

◆ 天然产物研究与开发

主管单位:中国科学院

主办单位:中国科学院成都文献情报中心

国内统一刊号:CN 51-1335/Q

国际标准刊号:ISSN 1001-6880

主要栏目:研究论文、开发研究、研究简报、数据研究、综述。

◆ 世界中医药

主管单位:国家中医药管理局

主办单位:世界中医药学会联合会

国内统一刊号:CN 11-5529/R

国际标准刊号:ISSN 1673-7202

主要栏目:海外中医药、标准与指南、实验研究、中药研究、理论研究、临床研究、文献研究、临证体会、针灸经络、综述、思路与方法、书评。

◆ 辽宁中医杂志

主管单位:辽宁省卫生健康委员会

主办单位:辽宁中医药大学

国内统一刊号:CN 21-1128/R

国际标准刊号:ISSN 1000-1719

主要栏目:临证经纬、学术探讨与论述、针灸与经络、经验撷菁、实验研究、论著臻新、综述、方药纵横。

主要参考书目

1. 李成文.科技论文写作[M].北京:人民卫生出版社,2012.
2. 李成文.实用中医论文写作[M].上海:第二军医大学出版社,2007.
3. 丛林,马宗华,靳琦.中医药论文写作[M].北京:中国中医药出版社,2007.
4. 黄芝蓉,吴润秋.中医药论文写作与投稿指南[M].北京:中医古籍出版社,2004.
5. 中国标准出版社.编辑常用法规及标准选编[M].北京:中国标准出版社,2006.

复习思考题
答案要点